Kostenberechnung im Ingenieurbau

Von

Dr.-Ing. **Hugo Ritter**

Zweite
umgearbeitete und erweiterte Auflage

Berlin
Verlag von Julius Springer
1929

ISBN-13: 978-3-642-90306-9   e-ISBN-13: 978-3-642-92163-6
DOI: 10.1007/978-3-642-92163-6

Vorwort.

Die Kostenberechnung eines Baues vor seiner Inangriffnahme bildet ohne Zweifel eine der wichtigsten Arbeiten des Bauingenieurs; lassen sich doch erst auf Grund einer Preisberechnung Schlüsse über die Wirtschaftlichkeit einer Anlage oder die Möglichkeit bzw. Zweckmäßigkeit ihrer Ausführung ziehen und bildet sie in den weitaus meisten Fällen auch die Grundlage der Arbeitsübertragung an den bauausführenden Unternehmer.

Leider zeigt die Erfahrung immer wieder, daß diese Vorausbestimmung der Baukosten häufig recht unsicher ist, daß die von verschiedener Seite berechneten Preise nicht selten weit auseinandergehen, und daß die Preise auch oft mit den bei der Ausführung später tatsächlich entstehenden Kosten nicht übereinstimmen. Wenn diese Erscheinungen auch in der Hauptsache in der außerordentlichen Verschiedenheit der Verhältnisse, unter denen Bauarbeiten zur Ausführung gelangen können, und in der verschiedenen Beurteilung dieser Verhältnisse begründet sind, so liegt die Schuld doch auch zum großen Teil in der Unkenntnis hinsichtlich des Wesens der Preisbildung und in dem Mangel an geeigneten Unterlagen für eine Kostenberechnung.

Zur Aufstellung eines Voranschlages genügt es eben nicht, daß eine Sammlung von Preisen für Materialien, Arbeitsleistungen, Maschinen usw. zur Verfügung steht, auf Grund solcher Angaben allein lassen sich die Baukosten ebensowenig ermitteln wie nach Formeln oder theoretischen Überlegungen; auch Beispiele ausgeführter Bauten können nur bedingungsweise zur Veranschlagung herangezogen werden. Um eine den tatsächlichen Verhältnissen auch wirklich entsprechende Kalkulation durchführen zu können, benötigt man — abgesehen natürlich von praktischer Erfahrung — vor allem die Kenntnis der Entstehung der Preise aus ihren Teilbeträgen sowie der Bedeutung der verschiedenen den Preis beeinflussenden Faktoren. Nur unter Beachtung dieser Zusammenhänge lassen sich die in der Praxis gewonnenen Zahlenwerte richtig anwenden.

Aus dieser Überlegung entstand die vorliegende Arbeit. Sie beabsichtigt also in erster Linie eine Anleitung zum richtigen und zweckmäßigen Veranschlagen der verschiedenen, im Ingenieurbau vorkommenden Arbeiten zu geben. Es soll gezeigt werden, aus welchen Teilbeträgen sich die Einheitspreise von Bauarbeiten zusammensetzen, ferner wie diese Beträge selber entstehen, welche Umstände auf sie von Einfluß sind und in welcher Weise schließlich Arbeits- und Materialaufwand am zweckmäßigsten zu der Leistung in Beziehung gebracht werden.

Außerdem wird eine Reihe von Zahlenwerten zur Berechnung der Kosten der verschiedenen Bauarbeiten angeführt und besprochen werden. Diese Zahlenwerte sind durchweg in Materialbedarf bzw. Arbeitsaufwand ausgedrückt und nicht, wie dies bisher so oft geschehen, in Geldwert, da sich Erfahrungsdaten nur dann nutzbringend verwerten lassen, wenn sie vollständig unabhängig von den fortwährend wechselnden Materialpreisen und Löhnen sind.

Natürlich kann dies Zahlenmaterial nicht Anspruch auf Vollständigkeit erheben, dazu sind die Verhältnisse im Bauwesen zu vielseitig. Auf alle die vielen möglicherweise eintretenden Fälle einzugehen, hätte jedoch zu weit geführt. Die Zahlen sollen ja auch in der Hauptsache als Anhalt zur Berechnung der Kosten dienen; sie sind als Durchschnittswerte oder mittlere Grenzwerte anzusehen und müssen unter Umständen noch erhöht oder erniedrigt werden. Aus diesem Grunde darf man Zahlen auch nicht blindlings anwenden, sondern man muß stets die besonderen Umstände, unter denen die betreffende Arbeit auszuführen sein wird, gebührend beachten und natürlich auch immer die eigenen praktischen Erfahrungen zu Rate ziehen.

Die vorliegende Arbeit soll also in erster Linie dem Praktiker als Hilfsmittel bei Aufstellung seiner Kostenberechnungen dienen, außerdem aber auch den Studierenden in die Einzelheiten dieses so wichtigen Gebietes der Ingenieurwissenschaft einführen.

Im weiteren bezweckt die Arbeit, die Wege zu weisen, die beim Sammeln von Erfahrungswerten sowie bei Einrichtung der technischen Betriebsbuchführung zu beschreiten sind. Gerade diese letztgenannten Arbeiten verdienen in weit höherem Maße Beachtung, als dies im allgemeinen geschieht; läßt sich doch lediglich auf Grund einer in zweckmäßiger Weise durchgeführten Nachkalkulation brauchbares Material für Kostenanschläge beschaffen und außerdem eine wirksame Kontrolle der Bauausführung hinsichtlich ihrer Wirtschaftlichkeit erzielen. —

Der ersten Auflage der vorliegenden Arbeit lagen Erfahrungen zugrunde, die in der Vorkriegszeit gesammelt worden waren. Seit jener Zeit haben sich im Ingenieurbau die Verhältnisse in mancher Hinsicht wesentlich geändert, besonders infolge der weitgehenden Mechanisierung der Baubetriebe. Dieser Umstand sowie neuere Erfahrungen haben in der zweiten Auflage zu einer gründlichen Umarbeitung wie auch zu einer Erweiterung des Buches geführt, und zwar sowohl hinsichtlich des Textes als auch des Zahlenmaterials. Außerdem erschien es der besseren Übersicht wegen wünschenswert, den Inhalt des Buches an verschiedenen Stellen anders zu ordnen, besonders soweit er sich auf die Gerätekosten und die Kosten der Sand- und Schotteraufbereitung bezieht, die in der vorliegenden Auflage beide in besonderen Kapiteln besprochen werden sollen. — Möge das Buch auch in dieser zweiten verbesserten Auflage eine freundliche Aufnahme finden.

Gern benutze ich schließlich die Gelegenheit, um allen Fachkollegen, die mir bei Ausarbeitung meines Buches in so freundlicher Weise ihren Rat zuteil werden ließen oder mich mit Zahlenmaterial unterstützten, nochmals meinen wärmsten Dank auszusprechen. Auch der Verlagsbuchhandlung Julius Springer, Berlin, die meinen Wünschen stets mit großem Verständnis entgegenkam, möchte ich an dieser Stelle bestens danken.

Frankfurt a. M., im Juni 1929.

H. Ritter.

Inhaltsverzeichnis.

1. Einleitung.

Unter Kostenberechnung oder Veranschlagung eines Baues versteht man die rechnungsmäßige Ermittlung desjenigen Geldbetrages, der für die Ausführung der Arbeit voraussichtlich aufzuwenden sein wird, wobei Erfahrungen, die bei anderen Bauten ähnlicher Art gesammelt wurden, zugrunde gelegt werden. Je nach dem Zweck, dem die Berechnung dienen soll, wird der Gang der Arbeit hierbei verschieden sein.

Handelt es sich lediglich darum, festzustellen, ob die Baukosten ungefähr im richtigen Verhältnis zu dem zu erwartenden Nutzen der Anlage stehen oder ob die verfügbaren Geldmittel für die Bauausführung ausreichen werden, so genügt eine angenäherte Kostenberechnung auf Grund überschlägig ermittelter Massen und mehr oder weniger geschätzter Einheitspreise. Soll die Veranschlagung dagegen dem Bauherrn als Grundlage für einen genauen Finanzierungsplan dienen oder dem Bauunternehmer als Grundlage für die Übernahme der Arbeit, so reicht diese angenäherte Ermittlung der Kosten natürlich bei weitem nicht mehr aus, und Massen wie Einheitspreise müssen genau berechnet werden, wobei man bei Ermittlung der letzteren sowohl auf die jeweils maßgebenden Materialpreise und Löhne als auch auf die besonderen Verhältnisse, unter denen die Arbeit auszuführen sein wird, Rücksicht zu nehmen haben wird. Dies bedingt aber das Eingehen auf Einzelheiten und das Aufbauen der Einheitspreise aus ihren Teilbeträgen.

Die letztere Art der Veranschlagung, die uns im vorliegenden allein interessieren soll, kann nun aber auch auf verschiedene Weise durchgeführt werden. Früher war es bei der Berechnung der Kosten üblich, die verschiedenen Teilbeträge eines Einheitspreises, d. h. die Materialkosten, die Löhne, die Auslagen für Baumaschinen, die Kosten der Verwaltung usw., entweder durch Geldbeträge oder prozentuale Zuschläge zu diesen auszudrücken, wobei man die bei anderen Bauausführungen gewonnenen Erfahrungswerte, je nachdem die Verhältnisse bei dem vorliegenden Bau lagen, schätzungsweise erhöhte oder ermäßigte. Nur die Materialkosten wurden, da dies verhältnismäßig einfach war, in der Regel aus Baustoffbedarf und Baustoffkosten ermittelt. Die Summe aller dieser einzelnen Geldbeträge ergab alsdann den Einheitspreis.

Solange es sich um Bauwerke gleicher Art handelt, die unter gleichen Verhältnissen zur Ausführung gelangen, wird man auch heute noch auf diese Weise zu angenähert richtigen Preisen gelangen können, doch dürfte dieser Fall zu den Seltenheiten gehören. Im allgemeinen weichen die Verhältnisse bei Ingenieurbauten, auch wenn es sich um gleichartige Arbeiten handelt, so weit voneinander ab, daß es gefährlich ist, Einheitspreise, die als Ganzes oder in ihren Teilbeträgen in Geldwert ausgedrückt sind, von einem Bau auf einen anderen zu übertragen; die Ergebnisse werden zum mindesten ungenau, häufig aber direkt falsch sein.

Man ist daher in den letzten Jahren immer mehr dazu übergegangen, der Berechnung von Kosten Erfahrungswerte zugrunde zu legen, die unabhängig sind von Materialpreisen und Löhnen und die den reinen Materialbedarf bzw. den Arbeitsaufwand wiedergeben. Außerdem führt man die Unterteilung eines Einheitspreises in seine Teilbeträge heute auch meist wesentlich weiter, als dies früher üblich war. Auf diese Weise gelingt es, nicht nur den Lohn- und Materialpreisschwankungen, sondern auch den jeweiligen Verhältnissen und dem besonderen Charakter der Arbeit in dem für eine richtige Preisbildung erforderlichen Maße Rechnung tragen zu können.

Voraussetzung für die Durchführung einer solchen Kostenberechnung ist natürlich, daß auch die Nachkalkulation von Bauausführungen, die die Grundlagen für jede neue Veranschlagung liefern muß, unter den gleichen Gesichtspunkten durchgeführt wird, d. h., daß die Ergebnisse in gleicher Art ausgedrückt werden, wie es diese Veranschlagungsmethode erfordert, und daß besonders auch die Gesamtarbeiten weitgehend in ihre einzelnen Teilarbeiten unterteilt werden; denn nur in diesem Falle ist es möglich, Erfahrungswerte von einem Bau auf einen anderen und unter anderen Verhältnissen auszuführenden Bau zu übertragen.

Selbstverständlich lassen sich auch bei dieser Art von Kostenberechnung niemals ganz genaue Ergebnisse erzielen, darüber muß man sich stets klar sein. Im Ingenieurbau sind die Verhältnisse eben zu mannigfaltig und meist auch zu unübersichtlich, als daß sie schon vor Inangriffnahme der Arbeit in vollem Umfange richtig beurteilt werden könnten. Man muß sich, wie bei so manchem technischen Problem im Ingenieurbau, wohl oder übel auch bei der Kostenberechnung damit zufrieden geben, wenigstens die größtmögliche Genauigkeit angestrebt zu haben; bei Anwendung der eben erwähnten Berechnungsmethode dürfte diese aber am ehesten erreicht werden.

Es ist natürlich, daß eine Kalkulation, bei der die Einheitspreise aus ihren kleinsten Teilbeträgen aufgebaut werden, ein gewisses Maß von Arbeit verursacht. Berücksichtigt man aber den außerordentlichen Nutzen, den man durch ein derartiges genaues Rechnen erzielt, so wird man die Mehrarbeit gegenüber anderen mehr oder weniger überschlägigen Berechnungsweisen gern mit in den Kauf nehmen. Übrigens ist der Umfang der Arbeit auch lange nicht so groß, wie er auf den ersten Blick erscheinen mag. Man wird sehr bald feststellen, daß es in den meisten Fällen immer nur einige wenige Teilbeträge sind, die auf den Gesamtpreis ausschlaggebenden Einfluß haben, und zwar im allgemeinen die Kosten der Baustoffe, die Löhne, gegebenenfalls die

Auslagen für Gerätebeschaffung und maschinellen Betrieb und schließlich einige Beträge der Allgemeinkosten. Die übrigen Preisanteile, wie z. B. die aus dem Antransport der Materialien, aus Transport und Installation der Maschinen, aus der Abnutzung des Handwerkszeuges usw. erwachsenden Kosten, werden — wohlverstanden einzeln betrachtet — von untergeordneter Bedeutung für den Gesamtpreis sein. Dadurch, daß man der Berechnung der ersteren Beträge die Hauptaufmerksamkeit schenkt und die letzteren mehr oder weniger schätzungsweise ermittelt, kann man die Arbeit wesentlich verringern und gleichzeitig die Genauigkeit der Berechnung erhöhen. Außerdem lassen sich häufig einige immer wiederkehrende Beträge, wie z. B. die stündlichen Betriebskosten von bestimmten Maschinen, die Kosten von Mörtelbereitung u. a. m., wenn sie einmal berechnet sind, wiederholt verwenden. Allerdings hat dies der wechselnden Löhne und Materialpreise wegen stets mit Vorsicht zu geschehen.

Die nachfolgenden Kapitel enthalten Anleitungen und Unterlagen zur Durchführung einer Kostenberechnung, wie sie im Vorstehenden angedeutet wurde. Es wird für die verschiedenen Bauarbeiten gezeigt werden, wie Materialbedarf und Materialkosten ermittelt werden und in welcher Weise eine Handarbeit zweckmäßig in ihre Einzelarbeiten unterteilt wird, bzw. aus welchen Teilarbeiten sie sich zusammensetzen soll. Ferner werden Angaben über den Bedarf an Baugeräten und Maschinen gemacht werden, falls solche zur Durchführung der Bauarbeit erforderlich sind, sowie über deren Betriebskosten. Ein Kapitel ist den „Gerätekosten" und ein anderes den sog. „Allgemeinen Kosten" gewidmet.

Außer den Anleitungen zur Durchführung der Kostenberechnung werden auch Zahlenwerte für Materialbedarf und Arbeitsaufwand, sowie für Verbrauch und Leistung von Maschinen angeführt werden. Wie bereits im Vorwort zum Ausdruck gebracht, darf man diese Zahlen jedoch nicht als allgemeingültige Werte ansehen, solche Werte gibt es im Ingenieurbau infolge der großen Verschiedenheit der Verhältnisse bekanntlich überhaupt nicht. Die Zahlen stellen durchschnittliche, unter normalen Verhältnissen gültige Mengen, Leistungen usw. dar und haben im wesentlichen den Zweck, dem Kalkulator als Anhalt bei Aufstellung seines Kostenanschlages zu dienen.

2. Allgemeine Angaben.

Die Kosten von Bauarbeiten setzen sich stets zusammen aus Löhnen, event. aus Baustoffkosten, aus den Aufwendungen für die Beschaffung und den Betrieb von Maschinen und Baugeräten, aus allgemeinen Unkosten und schließlich einem Betrag für Gewinn und Risiko des Unternehmers. Auf die zweckmäßige Art der Berechnung dieser einzelnen Teilkosten der verschiedenen im Ingenieurbau vorkommenden Arbeiten wird in den nachfolgenden Kapiteln näher eingegangen werden; in diesem Kapitel sollen lediglich einige allgemeine, bei jeder Kostenberechnung zu berücksichtigende Angaben gemacht werden.

Bemerkt sei noch, daß man bei der Kalkulation zweckmäßigerweise unterscheidet zwischen den „Einzelkosten", d. h. denjenigen Aufwendungen, die für die einzelnen Teilarbeiten einer Bauausführung unmittelbar entstehen, den „Gerätekosten", zu denen die Gerätebeschaffungskosten, die Transport-, Installations- und Reparaturkosten gerechnet werden, und schließlich den zur Durchführung der ganzen Bauarbeit oder eines Teiles derselben erforderlich werdenden Aufwendungen, den „Allgemeinen Kosten", also Kosten von allgemeinen Hilfseinrichtungen, von Baracken, ferner Gehälter, Steuern, Bauzinsen usw. Die Gerätekosten sind eigentlich auch entweder Einzelkosten oder Allgemeinkosten, je nach dem Zwecke, dem das Einzelgerät dient, doch faßt man diese Kosten der besseren Übersicht wegen bei der Kalkulation, wie gesagt, richtiger in eine besondere Kostengruppe für sich zusammen und verteilt ihre Summe am Schluß der Berechnung auf die verschiedenen einzelnen Bauarbeiten.

1. Löhne.

Auf die Kosten der Handarbeit hat die außerordentliche Verschiedenheit der Verhältnisse, unter denen Bauarbeiten ausgeführt werden können, ganz besonderen Einfluß, weshalb das in der Einleitung hinsichtlich des Aufbauens der Preise aus ihren Teilbeträgen Gesagte für die Löhne auch in ganz besonderem Maße gilt.

Die Kosten des Arbeitsaufwandes können auf zwei verschiedene Arten berechnet werden, und es empfiehlt sich, je nachdem wie die Verhältnisse liegen, bald die eine, bald die andere Berechnungsmethode zu wählen.

Handelt es sich um Arbeiten, für deren Ausführung die Arbeitskräfte nicht in bestimmter Zahl und Zusammensetzung erforderlich sind, wie dies bei reiner Handarbeit im allgemeinen der Fall ist, so legt man der Berechnung die zur Ausführung der Leistungseinheit erforderliche Anzahl Arbeitsstunden von Arbeitern oder Handwerkern zugrunde und multipliziert diese Werte mit den jeweiligen Löhnen. Im anderen Falle, in dem es sich um Arbeitsgruppen von bestimmter Zusammensetzung handelt, wie z. B. bei der Bedienungsmannschaft von Baugeräten oder der Vorortmannschaft im Tunnelbau, berechnet man dagegen die Lohnsumme dieser Gruppe für eine Stunde oder eine Schicht und dividiert diesen Betrag durch die Arbeitsleistung in der gleichen Zeit, woraus sich wieder der Preis für die Einheit der Arbeit ergibt.

Als Lohnsätze führt man die während der Bauausführung zu erwartenden Durchschnittswerte ein, die stets mit Vorsicht festgesetzt werden müssen, besonders wenn es sich um Bauausführungen von längerer Dauer handelt. Das gleiche gilt übrigens auch hinsichtlich der Materialpreise.

Kommt bei einer Bauausführung Nachtarbeit in Frage oder ist ein forcierter Betrieb zu erwarten, bei dem mit Sonntagsarbeit und Überstunden gerechnet werden muß, so sind die für derartige Mehrleistungen an die Arbeitnehmer zu bezahlenden Zuschläge schon bei

Festsetzung des Lohnsatzes zu berücksichtigen. Bei Arbeitsplätzen, die von der Sammelstelle der Arbeiter weit entfernt liegen, sind die Löhne ebenfalls zu erhöhen oder aber die Leistung zu verringern, um dem Verlust an Arbeitszeit durch An- und Abmarsch Rechnung zu tragen. Das gleiche gilt auch für Tidearbeit, bei der mit Rücksicht auf den Wasserstand nicht während der ganzen Schichtdauer gearbeitet werden kann.

Die Kosten der Aufsicht ergeben sich bei der ersteren Art der Lohnberechnung am besten derart, daß man die Größe der Arbeitsgruppe schätzt und danach denjenigen Prozentsatz der Arbeiteroder Handwerkerstunden berechnet, der an Aufseherstunden für die Leistungseinheit erforderlich sein wird. Erhöht man diesen Satz noch im Verhältnis des Aufseherlohnes zum Arbeiter- bzw. Handwerkerlohn (zur Zeit um etwa 25—30 %), so erhält man den Zuschlag, der für Aufsicht zu den Arbeiter- und Handwerkerstunden gemacht werden muß. Bei der letzteren Art der Bestimmung des Lohnanteils werden die Aufsichtskosten gleich in den Gesamtbetrag der ganzen Arbeitsgruppe mit aufgenommen und brauchen daher nicht besonders gerechnet zu werden.

Die Kosten, die durch die allgemeine Aufsicht entstehen, werden zweckmäßigerweise bei den allgemeinen Kosten unter dem Posten „Gehälter des Baustellenpersonals" berücksichtigt.

2. Kosten der Baustoffe.

Diese Kosten lassen sich ohne Schwierigkeit aus den erforderlichen Mengen und den Einheitspreisen ermitteln.

Bei der Bestimmung der Menge sind die Materialverluste zu berücksichtigen, die aus dem Transport (bei Sand, Zement, Kohle usw.) oder aus der Bearbeitung (bei Holz, Werksteinen usw.) entstehen, oder die durch die Art der Ausführung bedingt sind, wie z. B. durch das Abschneiden der über Grundwasser hinausragenden Teile von Pfählen und Spundwänden.

Zu den Einkaufspreisen der Baustoffe oder, bei Gewinnung im Eigenbetriebe, den Beschaffungskosten, schlägt man am besten gleich alle diejenigen Kosten hinzu, die aus den Transporten bis dicht zur Verwendungsstelle entstehen, also die Frachten, sofern diese im Preise noch nicht enthalten sind, die Umladekosten und die Kosten des Transportes nach der Baustelle sowie auf dieser selbst. Die für das Umladen oder das Transportieren über Land erforderlichen Installationen berücksichtigt man aber nicht an dieser Stelle, sondern besser bei den allgemeinen Kosten, da diese Einrichtungen meist auch für andere Transporte, z. B. zum Befördern von Baugeräten und Maschinen, erforderlich sein werden.

Natürlich gelten diese Bemerkungen nicht nur für die Baustoffe, sondern auch für die zum Betrieb von maschinellen Anlagen erforderlichen Verbrauchsmaterialien, wie Kohlen, Schmieröle usw., ebenso für die zum Bau von Hilfseinrichtungen und Installationen erforderlichen Baustoffe, z. B. Holz und eiserne Träger.

Bei diesen letzten Materialien ist außerdem noch zu berücksichtigen, daß sie nach Baubeendigung zum Teil wenigstens wieder verfügbar sein werden und entweder verkauft oder an anderer Stelle verwandt werden können. Von den Beschaffungskosten sind daher diejenigen Beträge, die aus einer solchen Wiederverwendung später gewonnen werden können, gleich in Abzug zu bringen. Die Höhe dieser Einnahmen wird natürlich sehr verschieden sein und nicht nur vom Umfang und Zustande der wiedergewonnenen Materialien, sondern auch von der Verkaufsmöglichkeit abhängen. Da eine solche nicht immer gegeben sein wird, empfiehlt es sich, die Altwerte der bei Abbruch von Baustelleneinrichtungen, Gerüsten usw. wieder frei werdenden Materialien nicht zu hoch anzusetzen, um keine Enttäuschungen zu erleben. Außerdem sind natürlich hierbei auch diejenigen Kosten in Berücksichtigung zu ziehen, die aus dem Abtransport der Materialien bis zur Abgabestelle entstehen werden.

3. Betriebskosten.

Sämtliche Kosten, die aus dem Betriebe einer Maschine oder einer maschinellen Anlage entstehen, faßt man zweckmäßigerweise zu einem Posten zusammen und berechnet auf Grund dieses Betrages und der jeweiligen voraussichtlichen Leistung der Einrichtung den Anteil, der auf den Einheitspreis derjenigen Arbeit entfällt, für deren Ausführung die Maschine oder Anlage erforderlich ist.

Diese Betriebskosten setzen sich zusammen aus den Löhnen der gesamten Bedienungsmannschaft, zu der man nicht nur den Maschinist zählt, sondern auch die an dem Baugerät außerdem noch beschäftigten Arbeiter, und den Kosten der Betriebs- oder Verbrauchsstoffe, wie Kohlen, elektrischen Strom, Schmiermaterialien usw. Als Zeiteinheit legt man dieser Berechnung im allgemeinen am besten die Stunde zugrunde, und nicht den Tag oder die Schicht, da die Arbeitszeit bei diesen infolge von Störungen und Witterungseinflüssen häufig verschieden lang ist.

Was die Leistung betrifft, so ist deren Vorausbestimmung in den meisten Fällen nicht leicht und erfordert, da sie in der Regel von vielen Faktoren beeinflußt wird, reichliche Erfahrung und Überlegung. Ohne weiteres einleuchtend dürfte sein, daß man nicht die mögliche Leistung einer Maschine oder eines Baugerätes in die Berechnung einführen darf, sondern die voraussichtlich im Durchschnitt tatsächlich erreichbare Leistung, die meist wesentlich hinter jener zurückbleiben wird.

Auf die Leistung einer Maschine sind, abgesehen von ihrer Größe, in erster Linie die örtlichen Verhältnisse von Einfluß, dann aber auch Zustand und Alter des Gerätes sowie die Sorgfalt und Geschicklichkeit der Bedienung. Schließlich ist auch stets zu beachten, daß zu Beginn und zu Ende einer Arbeit die Maschine meist nicht voll ausgenutzt werden kann und die Leistung während dieser Zeiten hinter dem Durchschnitt zurückbleibt.

In den nachstehenden Kapiteln sind Angaben über die Leistungen von Maschinen und Geräten gemacht. Diese Zahlenwerte geben durchwegs Leistungen wieder, die unter normalen Verhältnissen, mit gut arbeitenden Geräten und besonders auch unter Berücksichtigung normaler Unterbrechungen im Betrieb erreicht werden können. Sobald der Betrieb längere und häufigere Unterbrechungen erleidet, sei es infolge örtlicher Verhältnisse, ungeschickter Bedienung, häufiger Maschinendefekte usw., so sinkt die Leistung, und die Zahlen müssen, wenn solche Unterbrechungen zu erwarten sind, entsprechend verringert werden. Das gleiche gilt im allgemeinen auch für Nachtarbeit. Andererseits lassen sie sich, wenn mit einem flott gehenden Betrieb gerechnet werden kann, auch etwas erhöhen.

4. Gerätekosten.

Hierunter versteht man die aus der Verwendung von Baumaschinen und Geräten außer den Betriebskosten noch entstehenden Aufwendungen, und zwar:

a) Auslagen für Gerätebeschaffung, d. h. bei Eigengerät die Tilgung und Verzinsung des Anschaffungskapitals, bei geborgtem Gerät die Mieten.

b) Kosten des Transportes der Geräte zur Baustelle und nach Baubeendigung wieder nach einem Lagerplatz zurück oder nach einer anderen Baustelle.

c) Installationskosten, bestehend aus den Löhnen für Aufstellen und Abbrechen von Maschinen und Geräten, einschließlich deren Unterbauten, sowie den Auslagen für die hierzu erforderlichen Materialien.

d) Reparaturkosten, d. h. Löhne sowie Aufwendungen für Reparaturmaterialien und Ersatzteile zur Instandhaltung der Maschinen und Geräte während der Bauausführung und für deren Überholung nach Baubeendigung.

In Kapitel 15 soll auf die Berechnung dieser verschiedenen Kosten näher eingegangen werden. Außerdem enthalten die nachfolgenden Kapitel verschiedene ergänzende Angaben, besonders hinsichtlich der Gewichte und der für Aufstellen und Abbrechen der Geräte und Maschinen aufzuwendenden Arbeitsstunden. Die für die Gewichte angeführten Zahlen sind hierbei, falls nicht besonders vermerkt, als Durchschnittswerte von verschiedenen Fabrikaten anzusehen.

5. Allgemeine Kosten.

Alle diejenigen Aufwendungen, die für mehrere oder sämtliche Einzelarbeiten einer Bauausführung entstehen werden, faßt man unter dem Titel „Allgemeine Kosten" zusammen und verteilt sie am Schluß der Berechnung gleichmäßig auf alle Einzelarbeiten. In Kapitel 16 werden diese allgemeinen Kosten näher besprochen werden. Auch für diese Kosten gilt natürlich das im Vorstehenden für Löhne, Materialkosten usw. Gesagte, soweit dies wenigstens in Frage kommt, wie z. B. bei Gerüsten und maschinellen Anlagen für allgemeine Zwecke.

6. Unternehmergewinn und Unternehmerrisiko.

Zu den gesamten voraussichtlich entstehenden Kosten eines Baues hat der Unternehmer schließlich noch einen Zuschlag für seinen Gewinn und für das Risiko, das er bei Ausführung der Arbeit läuft, zu machen. Dieser Betrag wird am besten als Prozentsatz von sämtlichen Auslagen, d. h. der Selbstkosten, oder aber der Angebotssumme ausgedrückt.

Für Gewinn rechnet man im allgemeinen etwa 10%, für Risiko je nach der Art der Arbeit 3—10%, bei verhältnismäßig gefahrlosen Arbeiten kann dieser letzte Posten auch in Wegfall kommen, bei gefahrvollen dagegen muß er unter Umständen noch erhöht werden.

3. Bauprogramm.

Sofern es sich nicht um ganz kleine Bauarbeiten handelt, ist die Aufstellung eines Bauprogramms für eine Kostenberechnung von größter Wichtigkeit und sollte stets auf das gewissenhafteste und sorgfältigste durchgeführt werden, da man andernfalls zu leicht zu fehlerhaften Ergebnissen gelangt.

Unter Bauprogramm versteht man die Disposition der gesamten Bauausführung innerhalb eines bestimmten Zeitraumes. Im allgemeinen wird dieser Zeitraum vom Bauherrn festgesetzt und bildet dann eine der Bedingungen der Bauübertragung an den Unternehmer, der sie seiner Kostenberechnung zugrunde zu legen hat. Aus der fixierten Bauzeit ergeben sich zunächst die im Durchschnitt täglich zu leistenden Massen und hieraus die Art der Bauausführung, ferner die Reihenfolge der verschiedenen Teilarbeiten, Größe und Art der erforderlichen Maschinen und Baugeräte, Umfang der Installationen u. a. m. Erst wenn man sich auf diese Weise einen Überblick über die ganze Bauausführung verschafft hat, kann man an die Veranschlagung der einzelnen Bauarbeiten gehen.

1. Zeiten.

Bei Festsetzung der Zeiten, die zur Ausführung der einzelnen Teilarbeiten zur Verfügung stehen, ist als erstes darauf Rücksicht zu nehmen, daß das Einrichten der Betriebe (Liefern, Antransportieren und Aufstellen der Maschinen, Legen von Gleisen usw.) stets eine gewisse Zeit erfordert, die von der ganzen Dauer des Baues zunächst in Abzug zu bringen ist. Es empfiehlt sich, diesen Zeitraum reichlich lang anzunehmen, da gerade beim Einrichten von Baustellen häufig unvorhergesehene Zwischenfälle eintreten und dadurch Zeitverluste entstehen.

Beabsichtigt man bei der Ausführung Maschinen zu verwenden, die neu beschafft werden müssen, so sollte man nie versäumen, sich schon beim Aufstellen des Bauprogramms genau über die Lieferzeiten der betreffenden Geräte zu unterrichten, da diese nicht selten auf den Baubeginn von entscheidendem Einfluß sein werden.

Die eigentliche Arbeitszeit wird stets mehr oder weniger durch Regentage und Feiertage verkürzt. Man kann rechnen, daß durchschnittlich während einer Woche im Sommer an $5^1/_2$ Tagen, im Winter an nur 5 Tagen gearbeitet werden kann, daß also folgende Arbeitszeiten zur Verfügung stehen werden:

im Sommer 24 Tage/Monat
„ Winter 22 „ „

Im Winter müssen außerdem die meisten Bauarbeiten, vor allem natürlich die Beton- und Maurerarbeiten, des Frostes wegen zeitweise eingestellt werden. Diese Winterpausen werden je nach der Gegend und der Strenge des Winters verschieden lang sein. In Deutschland kann man durchschnittlich im ganzen mit etwa 20 Tagen rechnen, die sich auf die Monate Dezember, Januar und Februar verteilen.

Bei Bauten in Flüssen kann ferner durch Hochwasser eine empfindliche Bauunterbrechung eintreten, was bei Festsetzung des ·Bauprogramms für derartige Arbeiten stets zu berücksichtigen ist. Auch in Fällen, in denen ein normales Hochwasser vielleicht ohne merklichen Einfluß auf den Gang der Arbeit sein sollte, empfiehlt es sich sicherheitshalber, für ungewöhnlich große Hochwasser eine Bauunterbrechung vorzusehen.

Bei Betonarbeiten sind die Zeiten nicht zu vergessen, die für Ein- und Ausschalen, für Einbringen von Eiseneinlagen, Herstellen von Transportgerüsten usw. erforderlich sind.

Bauarbeiten an Küsten schließlich, an denen ein merklicher Unterschied zwischen Flut und Ebbe besteht, werden Verzögerungen erleiden, je nachdem sie nur bei besonders tiefen Wasserständen (z. B. Baggerarbeiten, Maurer- und Betonarbeiten), oder nur bei besonders hohen Wasserständen (z. B. Rammarbeiten mit schwimmender Ramme) ausgeführt werden können. In solchen Fällen ist an Hand der Flutkurve die täglich zur Verfügung stehende Zeit genau zu ermitteln und auch eventuelle Zeitverluste für das An- und Abtransportieren der Baugeräte zu berücksichtigen. Es ergeben sich hierbei häufig nur ganz kurze tägliche Arbeitszeiten, die die gesamte Bauzeit, normalen Verhältnissen gegenüber, ganz bedeutend verlängern können.

2. Leistungen.

Von größter Wichtigkeit ist bei Aufstellen des Bauprogramms natürlich die richtige Festsetzung der durchschnittlichen täglichen Leistung von Arbeitskräften und Maschinen. Hierüber ist im Kapitel 2 unter Abschnitt 3 (S. 6) bereits einiges gesagt; im weiteren sei auf die in den nachstehenden Kapiteln enthaltenen diesbezüglichen Angaben verwiesen.

Zu beachten ist bei Festsetzung der täglichen Leistung stets auch der Umstand, daß die Leistungsfähigkeit von maschinellen Anlagen und Baugeräten durch örtliche Verhältnisse ganz wesentlich verringert werden kann, wie z. B. bei Erdarbeiten infolge einer engen Entnahmestelle, eines verhinderten regelmäßigen Abtransportes des Bodens oder einer schwierigen Kippe, bei Rammarbeiten durch kompliziert angeordnete Spundwände u. a. m.

Bei Arbeiten, die nicht nach ein und derselben Baumethode ausgeführt werden können, ist eine möglichst genaue Berechnung der nach den verschiedenen Ausführungsarten zu leistenden Mengen erforderlich; außerdem ist der richtigen Reihenfolge der einzelnen Arbeiten und dem richtigen Ineinandergreifen derselben immer besondere Aufmerksamkeit zu schenken.

3. Angaben über Baustoffe und Arbeitskräfte.

Einen wichtigen Teil des Bauprogrammes bildet, wenigstens bei Bauten von einigem Umfange, stets auch das sog. Materialprogramm. Die Anlieferung der für die Bauausführung erforderlichen Baustoffe ist nicht selten von großem Einfluß auf den Fortgang der ganzen Arbeit, weshalb nie versäumt werden sollte, schon bei der ersten Disposition diese Frage eingehend zu prüfen. Leistungsfähigkeit der Lieferanten wie der Transporteinrichtungen spielen hierbei eine große Rolle. Auch die von dem Bauunternehmer vorzusehenden Transport- und Ausladeanlagen können nur an Hand eines genau durchgearbeiteten Materialprogramms richtig bestimmt werden.

Schließlich empfiehlt es sich, im Bauprogramm auch noch über den Umfang der zu den verschiedenen Zeiten der Bauausführung und für die verschiedenen Arbeiten benötigten Arbeitskräfte Angaben zu machen, damit man sich ein Bild über die im ganzen erforderlichen Arbeiter und Handwerker verschaffen kann, was z. B. für die Ermittlung des Bedarfs an Baracken von Nutzen sein wird.

4. Transportkosten.

Unter der Bezeichnung Transportkosten versteht man diejenigen Auslagen, die aus Transporten von Baugeräten, Baustoffen und anderen Materialien mit Bahn, Schiff, Kraftwagen usw. erwachsen können, ferner die Kosten, die das Auf-, Ab- und Umladen derselben verursachen, sowie die Kosten der Transporte auf der Baustelle selbst. Hierbei sind außer den Antransporten vom Lagerplatz oder der Übernahmestelle bis zum endgültigen Verwendungsort vor und während der Bauausführung auch die eventuellen Rücktransporte nach Baubeendigung zu berücksichtigen.

Da diese Kosten infolge der großen Verschiedenheit der zu transportierenden Gegenstände und Materialien wie auch der örtlichen Verhältnisse innerhalb sehr weiter Grenzen schwanken können, empfiehlt es sich, sie stets getrennt von den übrigen Baukosten zu berechnen und außerdem die verschiedenen Transportarbeiten, d. h. das eigentliche Transportieren, sowie das Auf-, Ab- oder Umladen, jeweils einzeln zu betrachten.

Im vorliegenden Kapitel sollen Angaben zur Berechnung der Transportkosten von Baustoffen und Verbrauchsmaterialien gemacht werden; über die Transportkosten von Baugeräten und Maschinen siehe Näheres in Kapitel 15, S. 133.

Bei Bau- und Verbrauchsstoffen sind die Transportkosten, mit Ausnahme der Bahn- und Schiffsfrachten, im Vergleich zu den Einkaufspreisen meist gering, weshalb auf eine übermäßig genaue Berechnung der Verlade- und Transportkosten auf der Baustelle kein besonderes Gewicht gelegt zu werden braucht. Nur wenn es sich um verhältnismäßig billige Baustoffe handelt, wie z. B. Sand, Kies oder Bruchsteine, bei denen die Transportkosten einen wesentlichen Teil des ganzen Preises darstellen, müssen sie natürlich genau ermittelt werden. Dies gilt besonders für den Fall der Gewinnung im Eigenbetriebe.

Der Berechnung der Transportkosten sollten der besseren Übersicht wegen stets dieselben Einheiten zugrunde gelegt werden, für die die Einkaufspreise gelten. Bei Sand, Kies usw. ist hierbei zu beachten, daß diese Preise sich auf das im Wagen oder im Haufen gemessene Raummaß beziehen und nicht auf das Material in gewachsenem Zustand, und daß also auch die Transportkosten — im Gegensatz zu den Erd- und Felsarbeiten — für das gelockerte Material ermittelt werden müssen. Ferner ist bei derartigen Baustoffen auf das Einrüttlungsmaß Rücksicht zu nehmen und also stets zu unterscheiden zwischen dem Volumen vor und demjenigen nach dem Transport.

Die Kosten der Aufsicht berechnet man bei den Transportarbeiten wie in Kapitel 2 (S. 5) beschrieben; der Zuschlag, den man hierfür zu den Stunden der Arbeiter machen muß, beträgt im allgemeinen etwa 8—10%.

Für die Transport- und Verladearbeiten auf der Baustelle selbst werden meist besondere Geräte und Maschinen benötigt, nämlich Gleise, Wagen, eventuell Lokomotiven, ferner Kräne und andere Hebeeinrichtungen. Diese Geräte faßt man bei der Kalkulation der Einfachheit halber am besten mit den übrigen Geräten zusammen und verteilt ihre Kosten auf die ganze Bauarbeit. Nur wenn es sich um Geräte handelt, die lediglich dem Transport eines oder mehrerer Baustoffe dienen werden, wie beispielsweise Gleise und Transporteinrichtungen für den Antransport von Sand oder Steinen aus einer Grube oder einem Steinbruch zur Baustelle, wird man die Kosten der Geräte richtiger auf diese Baustoffe allein verrechnen.

Der Umfang, wie auch die Kosten der Transporteinrichtungen und Transportgeräte sind von Fall zu Fall zu ermitteln, wobei die nachstehenden Angaben, sowie die Ausführungen in dem Kapitel über Erdarbeiten benutzt werden können.

Die aus dem Bau von Transportstegen, Verladeeinrichtungen, Wegeverbesserungen usw. erwachsenden Auslagen werden wie die Gerätekosten behandelt, also, abgesehen von besonderen Fällen, zu den allgemeinen Kosten gerechnet und mit diesen zusammen auf die ganze Bauarbeit verteilt.

Zur Berechnung der verschiedenen Transportkosten von Bau- und Verbrauchsstoffen mögen die nachfolgenden Angaben dienen:

1. Bahntransporte.

Für Bau- und Betriebsstoffe gelten besondere Tarife, die der Berechnung der Bahntransportkosten zugrunde gelegt werden können.

2. Schiffstransporte.

Die hieraus entstehenden Kosten können sehr verschieden hoch sein. Es empfiehlt sich daher, von Fall zu Fall bei Schiffseignern Angebote darüber einzuholen.

3. Kraftwagen- und Fuhrwerkstransporte.

Im Baubetrieb benutzt man heute hauptsächlich Kraftwagen; die Fuhrwerke werden von diesen immer mehr verdrängt. Die Transportkosten sind bei dieser Art der Beförderung abhängig von dem Fassungsvermögen des Transportgerätes, seiner Fahrgeschwindigkeit, von der Länge des Transportweges und der Art, dem Zustand, sowie den Steigungsverhältnissen der Straße oder des Fahrweges. Man berechnet die Kosten am besten aus dem jeweiligen Lademaß und der Anzahl Fahrten, die der Kraftwagen bzw. das Fuhrwerk im Tage oder in der Stunde machen können, einerseits und den täglichen bzw. stündlichen Kosten andererseits. Die Zahl der täglich oder stündlich möglichen Fahrten ergibt sich aus der Entfernung zwischen Aufnahme- und Abgabestelle, der Fahrgeschwindigkeit und der Dauer der Aufenthalte auf jeder Fahrt.

Das Lademaß beträgt bei den im Baubetrieb üblichen Kraftwagen meist $2^1/_2$—5 t. Im allgemeinen wird der 5 t-Wagen mit oder ohne Anhänger bevorzugt. Das Lademaß von Fuhrwerken ist sehr verschieden und richtet sich nach der ortsüblichen Größe und Art der Wagen.

Die Fahrgeschwindigkeit kann im Durchschnitt wie folgt angenommen werden:

| | | Für Kraftwagen | |
| Art der Straße | Für Pferde-fuhrwerke | innerhalb | außerhalb |
		von Städten und Ortschaften	
Gute, glatte Straßen und Chausseen km/Std.	5,0	10	20
Harte Erdwege und Kopfsteinpflaster „	4,5	8	15
Feldwege . . . . „	3,5	—	8

Aufenthalte entstehen beim Auf- und Abladen und bei längeren Transporten auch noch als Rasten unterwegs. Im allgemeinen kann die Summe dieser Zeitverluste genügend genau geschätzt werden. Bei Schüttgütern (Sand, Kies usw.) und Kraftwagentransport sind sie an der Entladestelle meist ganz gering, da die Kraftwagen heute durchwegs als Kippwagen gebaut werden, die in kürzester Zeit entladen werden können.

Die Kosten setzen sich bei Kraftwagentransporten zusammen aus den Gerätekosten und den Betriebskosten. Über jene siehe das in Kapitel 15 Gesagte. Zur Berechnung eventueller Transporte von Kraftwagen mit Bahn oder Schiffen mögen folgende Gewichtsangaben dienen. Es wiegt durchschnittlich ein

$$3 \text{ t-Kraftwagen} \quad . \, . \, . \, 3{,}5 \text{ t}$$
$$5 \text{ t-} \qquad \text{„} \qquad . \, . \, . \, 4{,}5 \text{ t}.$$

Hierbei ist aber zu berücksichtigen, daß Kraftwagen sperriges Gut darstellen.

Die **Betriebskosten** setzen sich aus den Löhnen für den Führer und, bei Verwendung eines Anhängers, für den Begleitmann, sowie den Kosten für Verbrauch an Brennstoff, Schmier- und Putzmaterial und Bereifung zusammen. Die Löhne sind, da sie bezahlt werden müssen, auch wenn der Wagen nicht in Benutzung ist, für die ganze Bauzeit zu rechnen. Der Verbrauch an Brennstoff und Schmiermaterial schwankt innerhalb weiter Grenzen und ist abhängig von der Inanspruchnahme und dem Zustand des Wagens, der täglichen Fahrtlänge, der Art und dem Zustande der Straßen usw. Das gleiche gilt für die Abnutzung des Bereifungsmaterials. Im allgemeinen kann man mit folgenden durchschnittlichen Werten rechnen:

Brennstoffverbrauch für einen 5 t-Wagen . . 0,25 bis 0,50 kg/km Fahrt
Kosten von Schmier- und Putzmaterial . i. M. 10% der Brennstoffkosten
Kosten der Bereifung . . . . „ 30% „ „

Die Kosten von **Fuhrwerken** sind, je nach Größe und Gegend, verschieden; es empfiehlt sich, von Fall zu Fall hierfür Preise einzuholen.

4. Tragtiertransporte.

Sind starke Steigungen zu überwinden, so treten an Stelle der Fuhrwerke **Tragtiere**. Diese können durchschnittlich mit 80 kg beladen werden und legen in einer Stunde ca. 4 km bzw. bei sehr steilen Wegen, je nach deren Beschaffenheit, 300—400 m Höhenunterschied zurück. Auf Grund dieser Daten lassen sich die Kosten in gleicher Weise, wie unter 3. beschrieben, berechnen.

5. Handtransporte.

Nicht selten kommt es vor, daß Bau- oder Verbrauchsstoffe auf der Baustelle selbst noch kürzere oder längere Strecken von Hand transportiert werden müssen, sei es von einem allgemeinen Lagerplatz nach der Verwendungsstelle oder von einer Arbeitsstelle nach einer anderen usw. Im allgemeinen kommen für derartige Transporte Schubkarren, Muldenkipper oder Pritschenwagen in Betracht, die ersten allerdings nur bei ganz kurzen Transporten.

Die aus derartigen Transporten erwachsenden Kosten lassen sich im Prinzip in ganz gleicher Weise berechnen, wie dies im Kapitel 6 für die Erdbewegungen entwickelt ist. Es sei daher zunächst auf das dort Gesagte hingewiesen. Für die einzelnen Baustoffe kann man sodann auf Grund jener Ausführungen folgende Berechnungsunterlagen ableiten:

a) Sand, Kies, Schotter, Bruch- und Pflastersteine. Nimmt man den Fassungsraum eines Schubkarrens mit 0,075 cbm, denjenigen eines Muldenkippers mit 0,80 cbm an, so kostet 1 cbm derartiger Materialien (im Wagen gemessen) in Schubkarren 20 m weit zu transportieren 0,15 Arb.-Std., und in Muldenkippern 50 m weit 0,07 Arb.-Std. (s. S. 29 und 33). Nimmt man ferner die Aufenthalte im ersten Falle mit etwa $1\,^1/_2$ Minuten, im letzten mit 6 Minuten pro Tour an, so ergeben sich für die Berechnung der Transportkosten von 1 cbm Material, in losem Zustande gemessen, folgende Formeln:

Schubkarrentransport:

$$\frac{L}{50} \cdot 0{,}15 \text{ Arb.-Std.},$$

wobei L die virtuelle Länge, d. h. Transportweite + Steigung · 15 (bzw. Gefälle · 10) + 40 m, bedeutet.

Muldenkippertransport:

$$\frac{L}{50} \cdot 0{,}07 \text{ Arb.-Std.},$$

wobei $L =$ Transportweite + Steigung · 50 + 180 m.

b) Kohlen. Für diese läßt sich der Transportpreis für die Tonne leicht ermitteln, indem man die aus obigen beiden Formeln sich ergebenden Werte durch das Raumgewicht der Kohlen, z. B. für Steinkohle durchschnittlich 0,8, dividiert. Man erhält dann für

Schubkarrentransport:

$$\text{rund } \frac{L}{50} \cdot 0{,}20 \text{ Arb.-Std.},$$

Muldenkippertransport:

$$\text{rund } \frac{L}{50} \cdot 0{,}10 \text{ Arb.-Std.}$$

c) Steine, Holz, Eisen. Werksteine, Quader, Konstruktionsholz, Pfähle, eiserne Träger usw. werden auf Pritschenwagen transportiert, wobei je nach Größe und Form der einzelnen Stücke 1 oder 2 Wagen benutzt werden. Im Nachstehenden sollen auch für die Transportkosten dieser Stoffe Formeln abgeleitet werden, wobei zweckmäßigerweise zunächst durchweg das Gewicht des Materials zugrunde gelegt wird.

Nimmt man an, daß 1 Mann auf Muldenkippergeleis $1-1^1/_4$ t zu schieben vermag (S. 33), und daß das Gewicht eines Pritschenwagens etwa 0,5 t beträgt, so findet man, daß zum Transport von Lasten unter ca. $^1/_2$ t 1 Mann, für Lasten bis zu 2 t 2 Mann erforderlich sind. Die Kosten werden nun natürlich ganz davon abhängen, welche Last oder welche Materialmenge auf einem oder zwei Wagen Platz haben und gleichzeitig, d. h. auf einem Transport befördert werden können, denn vorstehende Maximalwerte dürften nur selten gerade erreicht werden. Je kleiner und leichter die Stücke sind, die einzeln transportiert werden müssen, um so höher wird sich der Kubikmeter- bzw. Tonnenpreis natürlich stellen.

Gemäß dem auf S. 33 Gesagten kostet der Transport eines Muldenkippers oder Pritschenwagens auf 50 m Entfernung, wenn ein Mann damit beschäftigt ist, $\frac{1}{36} =$ rund 0,03 Arb.-Std. Multipliziert man diesen Wert mit der Anzahl der für den Transport erforderlichen Leute und dividiert durch das Gewicht oder das Volumen der mit einem Transport beförderten Menge, so findet man den Preis für 1 t oder 1 cbm auf 50 m Distanz.

Man kann nun annehmen, daß von einem Arbeiter durchschnittlich etwa 0,75 t geschoben oder gezogen werden. Bei Langholz, Pfählen, Trägern und dergleichen wird man allerdings nur mit etwa 0,6 t rechnen können, da mit Rücksicht auf das Führen der Wagen bei derartigen Gegenständen mehr Leute erforderlich sind.

Die Aufenthalte, die auf jeder Tour entstehen, kann man — ausschließlich der Auflade- und Entladezeit — bei kurzen Transportstrecken mit 2, bei längeren mit 3 Minuten annehmen, was einer Transportweite von ca. 50 bzw. 100 m entspricht.

Unter Berücksichtigung des spezifischen Gewichtes von Holz und Stein findet man unter diesen Voraussetzungen schließlich folgende Formeln zur Berechnung der Transportkosten der Materialeinheit:

$$\text{Eisen} \quad \dots \dots \dots \quad \frac{L}{50} \cdot 0,05 \ \text{Arb.-Std./t,}$$

$$\text{Holz} \quad \dots \dots \dots \quad \frac{L}{50} \cdot 0,05 \ \text{Arb.-Std./cbm,}$$

$$\text{Stein (Quader)} \quad \dots \dots \quad \frac{L}{50} \cdot 0,10 \ \text{Arb.-Std./cbm,}$$

wobei $L =$ Transportweite $+ 50 \cdot$ Steigung $+ (50 - 100 \ \text{m})$.

Die auf Grund dieser Formeln berechneten Kosten werden in den meisten Fällen vollständig genügend genau sein, da die Transportkosten bei diesen Materialien, wie bereits früher erwähnt, im Verhältnis zu ihren hohen Werten stets gering sind.

d) Ziegel. Ziegel werden nach Stück bezahlt, weshalb auch die Transportkosten nach dieser Einheit berechnet werden müssen. Nimmt man an, daß in einem Haufen von 1 cbm lose aufeinandergesetzter Ziegel etwa 400 Stück enthalten sind, so findet man unter Berücksichtigung des vorstehend Gesagten die Transportkosten

bei Schubkarrentransport zu

$$\text{rund} \quad \frac{L}{50} \cdot 0,40 \ \text{Arb.-Std./1000 Stück,}$$

wobei $L =$ Transportweite $+$ Steigung $\cdot$ 15 (bzw. Gefälle $\cdot$ 10) $+ 40 \ \text{m}$, bei Muldenkipper- oder Pritschenwagentransport zu

$$\text{rund} \quad \frac{L}{50} \cdot 0,20 \ \text{Arb.-Std./1000 Stück,}$$

wobei $L =$ Transportweite $+$ Steigung $\cdot$ 50 $+ (50{-}100 \ \text{m})$.

e) Zement. Nimmt man an, daß auf einem Pritschenwagen oder in einem Muldenkipper, die für Zementtransporte in der Hauptsache in Frage kommen, etwa 15 Sack Zement zu 50 kg gleichzeitig befördert werden können, so ergeben sich, da der Wagen stets von 2 Mann geschoben wird, nach Obigem folgende Transportkosten:

$$\frac{L}{50} \cdot 0,40 \ \text{Arb.-Std./100 Sack}$$

oder

$$\frac{L}{50} \ 0,08 \ \text{Arb.-Std./t,}$$

wobei $L =$ Transportweite $+$ Steigung $\cdot$ 50 $+ (50{-}100 \ \text{m})$.

6. Lokomotivtransporte.

Sind lange Strecken zu überwinden, so tritt an Stelle der Handtransporte die Beförderung mit Lokomotiven. Auch in diesem Falle
lassen sich die Kosten in gleicher Weise berechnen wie bei Erdbewegungen, weshalb auf Kapitel 6, Abschnitt E, verwiesen sei.

7. Förderbandtransporte.

Ein Transportmittel, das erst in jüngster Zeit Eingang im Baubetrieb gefunden, sich aber seiner mannigfaltigen Verwendungsmöglichkeit wegen bereits allgemeiner Beliebtheit erfreut, sind die Förderbänder oder Bandförderer. Diese bestehen aus einem über Rollen
laufenden Band ohne Ende, das von einem Elektromotor oder Verbrennungsmotor angetrieben wird. Die Breite des Bandes schwankt
meist zwischen 400 und 600 mm, doch werden auch Bänder bis
800 mm Breite verwandt. Das Fördergut wird dem Bande durch einen
Aufgabetrichter zugeführt, der am einen Ende dicht auf dem Bande
sitzt.

Förderbänder eignen sich zum Fortbewegen, Stapeln oder Verladen
von Schüttgütern jeder Art, wie Sand, Kies, Kohle, aber auch Erde und
Beton, sowie zur Beförderung von Säcken, Ziegelsteinen, Bruchsteinen
usw. Sie werden mit Vorteil da angewandt, wo das Errichten feststehen-
der Transportanlagen unmöglich oder unzweckmäßig ist. Man unterscheidet fahrbare und feststehende Bandförderer.

Die Länge der fahrbaren Förderer schwankt zwischen 7,5 m
und 15 m, die Förderhöhe je nach der Länge zwischen 3 und 6 m, was
eine größte Neigung der Bahn von rund 1 : $1\frac{1}{2}$—3 bedeutet. Die Breite
dieser Bänder beträgt meist 400—500 mm. Im Baubetrieb gelangen in
erster Linie die 15 m langen Bänder zur Verwendung.

Feststehende Förderbänder sind Transporteinrichtungen von
wesentlich größerer Länge. Sie setzen sich meist aus Einheiten von etwa
50 m Länge zusammen und werden entweder direkt auf dem Gelände
oder auf leichten Gerüsten verlegt. Jede Einheit wird von ihrem eigenen
Motor angetrieben. Die Breite ist bei den festen Bandförderern im allgemeinen größer als bei den beweglichen und zwar 500—600 mm. Theo-
retisch läßt sich mit diesen Bändern jede beliebige Transportweite überwinden, doch setzt die Wirtschaftlichkeit gewisse Grenzen.

Die Kosten von Förderbandtransporten setzen sich wie bei allen
maschinellen Betrieben aus den Gerätekosten und den Betriebskosten
zusammen.

a) Gerätekosten. Hierüber siehe zunächst die 'Ausführungen in
Kapitel 15. Hinsichtlich der Tilgung und Verzinsung der Gerätebeschaffungskosten ist noch zu bemerken, daß die Gummibänder
ihres raschen Verschleißes wegen zweckmäßigerweise als Verbrauchs-
gegenstände betrachtet werden, so daß die Abschreibung nur von dem
Gestell mit dem eingebauten Motor zu rechnen ist. Über die Lebensdauer
der Bänder lassen sich mit Rücksicht auf die kurze Zeit ihrer Anwendung
im Baubetrieb noch keine sicheren Angaben machen. Sie wird, abgesehen

von der Art des Fördergutes, wesentlich von der Sorgfalt der Behandlung abhängen.

Bei Berechnung der **Transportkosten** kann man folgende durchschnittlichen **Gewichte** (einschließlich Motor) benutzen:

Fahrbare Förderbänder von 7,5—15 m Länge . . . . . 1,5—2 t
Feste Förderbänder . . . . 125 kg/lfd. m
d. h. bei z. B. 50 m Länge . . . . rd. 6 t.

Installationskosten entstehen bei **fahrbaren Bändern** im allgemeinen keine, es sei denn, daß sie in demontiertem Zustande auf die Baustelle kommen. In diesem Falle kann man etwa rechnen für Aufstellen und Abbrechen

50—100 Arb.-Std./Stück.

Bei **festen Bändern** sind für diese Arbeiten durchschnittlich etwa aufzuwenden

5—8 Arb.-Std./lfd. m.

Das Ein- und Ausbauen der Motoren ist in diesen Zahlen eingeschlossen, nicht aber die Arbeiten für Aufstellen und Abbrechen von Gerüsten, die stets besonders veranschlagt werden müssen.

b) Förderkosten. Diese ergeben sich wie üblich aus den stündlichen Aufwendungen für Löhne und Verbrauchsstoffe, d. h. den Betriebskosten einerseits und der stündlichen Leistung andererseits.

Zur Bedienung eines Förderbandes ist nur ein Maschinist erforderlich, der auch mehrere dicht neben- oder hintereinander liegende Bänder bedienen kann. Wird nasses Material befördert, so müssen aber täglich, je nach der Länge der Anlage, ein oder mehrere Stunden eines Arbeiters für Reinigungsarbeiten gerechnet werden, außerdem muß man in solchen Fällen die Arbeitszeit des Maschinisten entsprechend verlängern.

Den Verbrauch der Anlage an Betriebsstoffen, d. h. elektrischer Kraft oder Brennstoff findet man auf Grund des Kraftbedarfes und den in Kapitel 5 gemachten Angaben. Auch hinsichtlich der Kosten von Schmier- und Putzmaterialien sei auf Kapitel 5 verwiesen. Der Kraftbedarf ist natürlich sehr verschieden, je nach der Länge und Steigung der Bänder, ihrer Breite und der Belastung. Bei den fahrbaren Bändern von 7,5 bis 15 m Länge schwankt er etwa zwischen 2 und 3 PS, ein festes Band von 50 m Länge und 500—600 mm Breite, das horizontal fördert, benötigt je nach Belastung ca. 4—8 PS.

Was die **Leistung** anbetrifft, so wird diese von den Lieferfirmen bei einer Bandbreite von 400—600 mm mit 20—30 cbm/Std. angegeben. Diese Leistungen dürften jedoch nur unter allergünstigsten Verhältnissen, d. h. bei ungestörtem Betrieb und unter der Voraussetzung genügender Beschickungsmöglichkeit erreicht werden. Aber gerade diese Voraussetzung trifft häufig nicht zu; sie wird nur dann erfüllt sein, wenn das Fördergut in einem ununterbrochenen Strom auf das Band gelangt, wie z. B. bei Beschickung aus einem Silo. Schon bei Antransport in Muldenkippern oder mittels Greifern, Kranen und Aufzügen wird die Beschickung Unterbrechungen erleiden, sofern nicht ein genügend großer Ausgleichsraum vor dem Bande angeordnet ist.

Beim Beladen des Bandes von Hand aber bleibt die Leistung immer wesentlich hinter obigen Zahlen zurück. Hier wird sie bestimmt durch die Anzahl der gleichzeitig ladenden Arbeiter und die Leistungsfähigkeit eines Arbeiters. Wenn nur am Ende des Bandes geladen werden kann, was die Regel sein dürfte, so lassen sich im allgemeinen nur 2—3, seltener 4—5 Mann ansetzen. Die Masse, die von einem Arbeiter in der Stunde auf das Band geschaufelt werden kann, ergibt sich auf Grund der Zahlenwerte in den Tabellen auf S. 19 und 28 wie folgt:

| | beim Schaufeln | |
1 Arbeiter leistet	vom Haufen cbm/Std.	von glatter Unterlage cbm/Std.
Sand	1,55	1,65
Kiessand	1,25	1,40
Kies	1,10	1,25
Schotter	0,90	1,10
Leichter Boden[1])	1,40	1,50
Mittelschwerer Boden	1,00	1,20
Schwerer Boden	0,70	1,00
Sehr schwerer Boden.	0,50	0,75

Bei Handladung läßt sich die Leistung des Bandes aber unter Umständen dadurch wesentlich erhöhen, daß man vor das eigentliche Transportband ein Zubringerband setzt, das auf seiner ganzen Länge gleichzeitig beladen werden kann. Ein solches Beladen ist natürlich nur möglich, wenn die örtlichen Verhältnisse es zulassen, beispielsweise an einem großen Sand- oder Kieshaufen.

Aber nicht nur die Beschickung des Bandes, sondern auch die Abnahme des Fördergutes vom Bande kann unter gewissen Umständen, wenn auch seltener, auf die Leistung von Einfluß sein, z. B. bei Fördern in Kraftwagen. Jedenfalls hat man bei Festsetzung der Leistung einer Förderbandanlage sehr vorsichtig zu sein und alle Umstände, die sie beeinflussen können, in Erwägung zu ziehen.

8. Aufladen von Bau- und Verbrauchsstoffen.

Die Kosten, die durch diese Teilarbeit verursacht werden, sind, abgesehen von der Art des Materials, in der Hauptsache abhängig von der horizontalen Entfernung und dem Höhenunterschied zwischen Lagerplatz und Transportgerät. Es soll angenommen werden, daß jene Entfernung ganz gering ist, daß also die zu schaufelnden Materialien mit einem Wurf in die Wagen befördert werden können und andere höchstens 5—10 m, Zement höchstens 10—20 m herangebracht werden müssen. Ferner sei vorausgesetzt, daß die Transportwagen auf gleicher Höhe mit dem Lagerplatz stehen.

Unter diesen Voraussetzungen kann man der Berechnung der Aufladekosten folgende Werte zugrunde legen, von denen die kleinen

---

[1]) Über die verschiedenen Bodenarten s. S. 26.

jeweils für niedrige Transportgeräte, wie Schubkarren und Muldenkipper, die großen für Eisenbahnwagen, Kraftwagen usw. gelten.

Aufladen von	Arb.-Std.	Aufladen von	Arb.-Std.
Sand . . . . 1 cbm	0,6—0,8	Zement . . . . 1 t	0,7—1,0
Kiessand . . . . . 1 „	0,8—1,0	„ . . . . 100 Sack	3,5—5,0
Kies und Splitt . . 1 „	0,9—1,1	Bauholz. . . . . . 1 cbm	1,1—1,5
Schotter . . . . . 1 „	1,1—1,3	Hölzerne Pfähle . . 1 „	1,3—1,7
Bruchsteine . . . 1 „	1,0—1,3	Eiserne Träger,	
Pflastersteine . . . 1 „	1,3—1,6	Schienen . . . . . 1 t	1,6—2,4
Werksteine . . . . 1 „	8,0—12,0	Stückkohle . . . . . 1 t	1,3—1,6
Ziegel. . . . 1000 Stück	5,0—7,0	Briketts. . . . . . . 1 t	1,4—1,6

Bei vorstehenden Werten ist im weiteren angenommen, daß zum Aufladen schwerer Stücke, die von Hand nicht mehr leicht gehoben oder, wie z. B. Rundpfähle, gerollt werden können, Kräne zur Verfügung stehen. Dies gilt besonders für Werksteine und eiserne Träger. Sind solche Hebevorrichtungen nicht vorhanden, so reichen obige Werte nicht mehr aus und werden unter Umständen wesentlich überschritten; in solchem Falle müssen sie geschätzt werden.

Auch wenn die Materialien noch eine kurze Strecke an die Transportgeräte herangeschafft werden müssen, sind obige Werte je nach der Art des Materials und der Entfernung mehr oder weniger zu erhöhen. Bei Sand, Kies, Schotter usw. dagegen kann man, falls sie von glatter Unterlage aus geschaufelt werden, 0,1—0,3 Arb.-Std./cbm abziehen.

9. Abladen von Bau- und Verbrauchsstoffen.

Diese Arbeit ist zum Teil etwas billiger als das Aufladen. Nimmt man wieder an, daß die Materialien nach dem Entladen nicht noch weiter fortgeschafft werden müssen, sondern dicht neben den Transportgeräten aufgehäuft oder gestapelt werden können, so kann man je nach Art der Wagen und den örtlichen Verhältnissen mit folgenden Werten rechnen:

Abladen von	Arb.-Std.	Abladen von	Arb.-Std.
Sand . . . . 1 cbm	0,6—0,7	Zement . . . . 1 t	0,7—1,0
Kiessand . . . . . 1 „	0,7—0,9	„ . . . . 100 Sack	3,5—5,0
Kies und Splitt . . 1 „	0,8—1,0	Bauholz. . . . . . 1 cbm	0,8—1,2
Schotter . . . . . 1 „	1,0—1,2	Hölzerne Pfähle . . 1 „	1,0—1,4
Bruchsteine . . . . 1 „	0,8—1,1	Eiserne Träger,	
Pflastersteine . . . 1 „	1,1—1,4	Schienen . . . . . 1 t	1,3—2,0
Werksteine . . . . 1 „	6,0—8,0	Stückkohle . . . . . 1 t	1,1—1,3
Ziegel. . . . 1000 Stück	5,0—7,0	Briketts. . . . . . . 1 t	1,4—1,6

Bei den Materialien, die geschaufelt werden, gelten die niedrigen Werte für den Fall, daß die Baustoffe nur ausgeschaufelt zu werden brauchen, die hohen für den Fall, daß sie außerdem noch etwas aufgehäuft werden müssen. Lassen sich die Materialien zum Teil mit der Schaufel aus dem Wagen hinausschieben, so ermäßigen sich die Werte um $1/3$—$1/2$. Werden sie übrigens in Kippwagen oder Kraftwagen mit Kippkasten antransportiert und einfach gekippt, so entstehen überhaupt keine besonderen Entladekosten, da diese Arbeit dann zusammen mit dem Transport berechnet wird.

2*

10. Aufsicht.

An Aufsichtskosten kann man bei Handtransporten, beim Auf- und Abladen, sowie bei anderen Handarbeiten durchschnittlich ungefähr 8% der Arbeiterlöhne rechnen (s. S. 5).

Schließlich sei noch bemerkt, daß sämtliche im Vorstehenden aufgeführten Werte für Mengen von einigem Umfange gelten und durchweg etwas erhöht werden müssen, sofern es sich um das Transportieren bzw. Ab- oder Aufladen von kleinen Massen handelt, da hier, wie auch bei anderen Arbeiten geringen Umfanges, die Zeitverluste der Arbeiter für An- und Abmarsch zur Arbeitsstelle merkbar ins Gewicht fallen.

5. Kosten der Antriebsmaschinen.

Die im Baubetriebe zur Verwendung gelangenden Maschinen kann man in folgende 3 Gruppen zusammenfassen:

Antriebsmaschinen, angetriebene Maschinen und solche, bei denen diese beiden Arten vereinigt sind, d. h. Bagger, Rammen, Lokomotiven usw.

Im vorliegenden Kapitel soll lediglich die erste dieser drei Maschinenarten betrachtet werden, für alle übrigen Maschinen werden in den nachfolgenden Abschnitten bei Besprechung der einzelnen Bauarbeiten die zur Kostenberechnung erforderlichen Angaben gemacht werden.

Als Antriebsmaschinen verwendet man im Ingenieurbau heute:
1. Dampfmaschinen (Lokomobilen),
2. Verbrennungsmaschinen (Benzin- und Benzolmotoren, sowie Öl- und Dieselmotoren),
3. Elektromotoren.

Die Frage, welcher dieser drei Arten von Antriebsmaschinen im besonderen Fall der Vorzug zu geben ist, muß von Fall zu Fall entschieden werden, da sich dies ganz nach den jeweiligen Verhältnissen richten wird.

Die Übertragung der Kraft von der Antriebsmaschine auf die anzutreibende Maschine erfolgt entweder durch Treibriemen, evtl. unter Zwischenschaltung eines Vorgeleges, durch Zahnräder oder auch unmittelbar.

1. Anzahl und Stärke der Antriebsmaschinen.

Die erforderliche Zahl sowie die notwendige Stärke der Antriebsmaschinen hängen ab von der Zahl, der Anordnung und dem Kraftbedarf der anzutreibenden Baugeräte. Über diesen sind in den nachstehenden Kapiteln bei Besprechung der verschiedenen Bauarbeiten nähere Angaben gemacht und Zahlenwerte gegeben, bei deren Anwendung jedoch verschiedenes zu berücksichtigen ist.

Zunächst ist zu beachten, daß diese Werte den Kraftbedarf bei durchschnittlicher Leistung des Gerätes wiedergeben, also denjenigen Bedarf, welcher der Berechnung der Betriebskosten zugrunde zu legen ist. Da die Antriebsmaschinen aber stets auch in der Lage sein müssen, die Spitzenleistungen der angetriebenen Geräte zu bewältigen, muß man sie natürlich stärker wählen, und zwar ist die Leistungsfähigkeit im allgemeinen um etwa 20—30% gegenüber den Tabellenwerten zu erhöhen.

Ferner ist bei Festsetzung der Stärke einer Antriebsmaschine zu berücksichtigen, daß durch die Übertragung der Kraft von dieser zum angetriebenen Gerät stets ein Kraftverlust entsteht, den man bei Zahnrad- und einfacher Riemenübertragung durchschnittlich mit 5%, bei Riemenübertragung mit zwischengeschaltetem Vorgelege mit etwa 15% ansetzen kann.

Schließlich sei noch darauf hingewiesen, daß die im Folgenden angeführten Werte über den Kraftbedarf sich durchweg auf neue oder wenigstens in tadellosem Zustande befindliche Geräte beziehen; bei gebrauchten sind sie daher, je nach Alter und Zustand sowohl der angetriebenen als auch der antreibenden Maschinen, mehr oder weniger zu erhöhen.

2. Gerätekosten.

Über die aus der Tilgung und Verzinsung der Gerätebeschaffungskosten entstehenden Auslagen, über die Transport-, Installations- und Reparaturkosten siehe zunächst die in Kapitel 15 enthaltenen allgemeinen Angaben.

Zur Berechnung der Transportkosten können, falls keine genauen Gewichte von Maschinen zur Verfügung stehen, die in folgenden Tabellen enthaltenen Durchschnittswerte benutzt werden.

Dampfmaschinen:

Normalleistung . . PS	10	20	30	40	50	60	80	100
Fahrbar . . . . . t	3,5	5,0	6,0	8,0	10	12	15	18
Stationär . . . . t	3,0	4,5	5,5	7,5	10	12	15	18

Benzin- und Benzolmotoren:

Dauerleistung. . . . . PS	2	4	6	10	14
Motor einschließlich Leitungen t	0,10	0,20	0,30	0,75	1,00

Dieselmotoren:

Dauerleistung . . . . PS	7,5	10	15	20	25	50	75
Motor einschließlich Leitungen							
stehend . . . . t	0,8	0,9	1,3	1,7	2,2	5,0	8,0
liegend . . . . t	0,8	1,0	1,6	2,2	3,0	6,5	10,0

Elektromotoren:

Stärke . . . . PS	5	10	20	30	50	100
Motor mit Anlasser, Ankerschrauben und Anteil der Schaltanlage						
Gleichstrommotor . . . . . . t	0,20	0,30	0,50	0,60	0,85	—
Drehstrommotor . . . . t	0,15	0,20	0,35	0,40	0,65	1,10

Das Aufstellen und Abbrechen von Antriebsmaschinen und deren Zubehörteilen erfordert unter normalen Verhältnissen ungefähr folgenden in Stunden ausgedrückten Arbeitsaufwand:

Fahrbare Lokomobilen, 10—50 PS . . . . . . (i. M. 15 Std./t)   50—150 Std.
Stationäre Lokomobilen mit Kondensation, 50—100 PS
                                 (i. M. 30 Std./t)   300—500 „
Schornsteine bis etwa 15 m Höhe, einschließlich Montagegerüst   200—300 „
    für weitere 10 m Höhe, einschließlich Montagegerüst . . . .   200—300 „
Verbrennungsmotoren, einschließlich Leitungen, je nach Stärke
                                 (i. M. 50 Std./t)   50—250 „
Elektromotoren, einschließlich Anlasser, Schaltanlage usw., je
    nach Stärke . . . .   50—200 „
Vorgelege, ausschließlich Fundamente . . . . . . für 1 lfd. m   20—30   „
Pumpenanlage für Wasserversorgung, bestehend aus Pumpe,
    Leitungen und Reservoir auf Gerüst . . . .   120—250 „

Die Kosten von größeren Unterfangungen und Fundamenten sowie von Maschinenschuppen und Maschinenhäusern sind in diesen Werten nicht enthalten; hierüber siehe die Kapitel 10, 11 und 16.

3. Betriebskosten.

Die aus dem Betriebe von Maschinen entstehenden Kosten setzen sich zusammen aus den Löhnen der Bedienungsmannschaft und den Kosten der Verbrauchsmaterialien. Um denjenigen Betrag zu erhalten, der auf den Einheitspreis der Arbeit, für welche die Maschine erforderlich ist, entfällt, bildet man am besten die Summe aller Kosten für eine Betriebsstunde und dividiert sie durch die stündliche Leistung der angetriebenen Maschine, wobei natürlich das Leistungsmittel aus der ganzen Betriebszeit zu nehmen ist und nicht etwa die Leistung während einer Stunde ununterbrochenen Betriebes. Dient eine Maschine oder eine maschinelle Anlage der Ausführung mehrerer Bauarbeiten, so ist die Summe auf alle diese Arbeiten zu verteilen. Über die Leistung der verschiedenen Baugeräte siehe die nachfolgenden Kapitel. Zur Berechnung der Betriebskosten mögen die folgenden Angaben dienen:

a) **Dampfmaschinen.** Für die Bedienung einer Lokomobile allein genügt meist ein Maschinist. Da dieser aber gleichzeitig auch noch die angetriebene Maschine zu überwachen hat, muß man ihm im allgemeinen noch einen zweiten Mann zur Unterstützung beigeben, so daß man also an Bedienungspersonal bei Dampfmaschinenantrieb 1 Maschinist und 1 Arbeiter (Heizer) rechnen kann.

Mit Rücksicht auf die von der Bedienungsmannschaft außerhalb der eigentlichen Betriebszeit und an Ruhetagen auszuführenden Arbeiten, wie Anheizen des Kessels, Schmieren und Reinigen der Maschinen sowie Vornahme kleinerer Reparaturen, sind die Bezüge der beiden Leute zu erhöhen. Man kann rechnen, daß für diese Arbeiten im Durchschnitt 2 Stunden pro Betriebstag aufgewandt werden müssen, was bei achtstündiger Betriebsdauer einen Zuschlag von $^1/_4$ bedeutet.

Der Berechnung des Kohlenverbrauches legt man am besten den Verbrauch für eine Pferdekraftstunde der Dampfmaschine zugrunde. Dieser richtet sich nach der Art und Größe der Maschine, wird aber auch von ihrem Alter und dem Belastungsgrade beeinflußt.

Nachstehende Zahlen können als Mittelwerte angesehen werden; neue Maschinen werden etwas weniger, alte und stark abgenutzte dagegen mehr Kohlen verbrauchen. Die hohen Werte gelten jeweils für kleinere, die niedrigen für größere Maschinen. Es ist, wie übrigens auch bei den für andere Baumaschinen, wie Bagger, Rammen usw., gemachten Angaben, angenommen, daß Kohlen mit einem Heizwerte von ca. 7500 WE zur Verwendung gelangen, und daß es sich ferner um einen normal laufenden Betrieb handelt.

Bei voller Belastung verbrauchen durchschnittlich:

Lokomobilen bis ca. 50 PS mit Auspuff . . . . 1,4—1,2 kg/PS-Std.
„ über „ 50 „ „ „ . . . 1,2—1,0 „
„ bis „ 50 „ „ Kondensation . 1,0—0,8 „
„ über „ 50 „ „ „ . 0,8—0,7 „

Da die Antriebsmaschinen, wie bereits eingangs erwähnt, mit Rücksicht auf die Bewältigung von Spitzenleistungen der angetriebenen Geräte stets stärker gewählt werden müssen als die Durchschnittsleistung erfordert, und da ferner häufig der Fall eintritt, daß der Bauunternehmer zu starke Antriebsmaschinen verwendet, weil er diese gerade zur Verfügung hat und sich die Beschaffung neuer nicht lohnt oder nicht empfiehlt, werden im Baubetrieb die Antriebsmaschinen in der Regel nur teilweise ausgenutzt. Dies ist bei Berechnung des Brennstoffverbrauchs wohl zu berücksichtigen, da dieser für 1 PS-Std. bekanntlich mit abnehmender Belastung steigt. Bei Dampfmaschinen ist er bei $^3/_4$ Belastung z. B. ca. 10—15%, bei nur $^1/_2$ Belastung, die nicht selten vorkommt, ungefähr 30—50% höher als bei voller Belastung. Steigt andererseits die Leistung über den normalen Betrag, so bleibt der Kohlenverbrauch für die PS-Std. ungefähr derselbe. Die vorstehend angeführten Werte sind also in der Regel, je nach der Art des Betriebs, mehr oder weniger zu erhöhen.

Der Verbrauch an Schmiermaterial und Putzwolle ist je nach der Art und der Sorgfalt der Schmierung verschieden hoch. Da die hieraus entstehenden Kosten jedoch stets verhältnismäßig gering sind, darf man für sie mit genügender Genauigkeit einen Prozentsatz der Brennstoffkosten in die Berechnung einführen, und zwar kann dieser Satz ungefähr wie folgt angenommen werden:

Schmier- und Putzmaterial i. M. 15% der Kohlenkosten,

wobei auch der Verbrauch der angetriebenen Maschine berücksichtigt sein dürfte.

Die Kosten, die für die Beschaffung des Speise- und Kondensationswassers aufgewandt werden müssen, sind, wenn der Bau nicht gerade in wasserarmer Gegend ausgeführt wird, von untergeordneter Bedeutung. Wenn irgend möglich, wird im Baubetrieb das Wasser an Ort und Stelle mittels einer von der Maschine selbst angetriebenen Pumpe gewonnen. Man berücksichtigt daher die Kosten der Wasserbeschaffung am besten dadurch, daß man zu dem Kraftbedarf der übrigen angetriebenen Maschinen einen kleinen Zuschlag von etwa 1—3 PS macht. Muß das Wasser aus bestehenden, z. B. städtischen

Wasserleitungen bezogen werden, so werden die Aufwendungen allerdings höher sein. Vielfach liegen die Verhältnisse auch so, daß das Wasser von einer allgemeinen Pumpenanlage geliefert wird, deren Kosten dann für sich zu berechnen und unter die Allgemeinkosten einzureihen sind.

b) Verbrennungsmaschinen. Zur Bedienung von Verbrennungsmotoren ist immer nur ein Maschinist erforderlich, der zugleich auch die angetriebene Maschine überwachen kann und bei einfachen Geräten auch mehrere Einheiten, wenn diese nahe beieinander stehen. Sein Lohn ist, wie der der Bedienungsmannschaft von Dampfmaschinen, mit Rücksicht auf das Arbeiten außerhalb der eigentlichen Betriebszeit, um ca. $^1/_4$ zu erhöhen.

Der Verbrauch an Brennstoff ist auch hier abhängig von der Art und der Größe des Motors, sowie von seinem Alter und dem Grade der Belastung. Die nachstehenden Zahlenwerte, die man auch hier am zweckmäßigsten für die PS-Std. wählt, können — wie vor — als praktische Mittelwerte für gebrauchte Maschinen und für normal laufenden Betrieb angesehen werden. Bei **voller** Belastung verbrauchen:

Benzin- und Benzolmotoren .	bis 10 PS	0,35 kg/PS-Std.	
	15—50 „	0,30	„
Rohölmotoren	bis 10 „	0,25	„
	15—50 „	0,20	„

Bei $^3/_4$ Belastung muß man bei Benzol und Benzin mit etwa 10%, bei Rohöl mit 5% Zuschlag zu diesen Werten rechnen, bei halber Belastung mit etwa 35 bzw. 20%.

Für die Kosten der Schmier- und Putzmaterialien, einschließlich des Verbrauchs der angetriebenen Maschine, kann man durchschnittlich setzen:

Schmier- und Putzmaterialien 8 % der Benzin- oder Benzolkosten
bzw. 25 % „ Rohölkosten.

Der **Kühlwasserverbrauch** beträgt bei Benzin- und Benzolmotoren durchschnittlich etwa 25, bei Dieselmotoren etwa 15 l/PS-Std.

Betriebsunterbrechungen, seien es einzelne von kürzerer oder längerer Dauer, oder periodisch wiederkehrende Unterbrechungen, wie sie z. B. bei Aufzügen vorkommen, haben bei Verbrennungsmaschinen im Gegensatz zu den Dampfmaschinen einen unter Umständen wesentlichen Einfluß auf die Höhe der Betriebskosten, da für die Dauer des Stillstehens des Motors keine Betriebsstoffe benötigt werden. Auch bei Dampfmaschinen werden natürlich in solchen Fällen etwas weniger Kohlen gebraucht, doch ist bei diesen der Minderverbrauch im allgemeinen so gering, daß er nicht merklich ins Gewicht fällt und daher besser außer acht gelassen wird. Sind aber bei Verbrennungsmaschinen Betriebsunterbrechungen zu erwarten, so kann man den stündlichen Verbrauch an Brennstoff den Pausen entsprechend ermäßigen.

c) Elektromotoren. Elektromotoren brauchen so gut wie gar keine Bedienung. Da jedoch die angetriebene Maschine im allgemeinen eine gewisse Wartung erfordert, muß man auch hier mit einem Maschinisten

als Bedienung rechnen, der aber wie bei Verbrennungsmotoren auch
mehrere Anlagen gleichzeitig überwachen kann, falls diese nicht zu weit
auseinander liegen.

Bei Berechnung der erforderlichen Energiemenge, die dem Motor
zum Antriebe der Baumaschine zugeführt werden muß, sind die Verluste
im Motor zu berücksichtigen. Die im Durchschnitt von der Baumaschine
benötigte Kraft ist zunächst durch den Wirkungsgrad des Motors (ca. 0,9)
zu dividieren und bei Drehstrom außerdem noch durch den Leistungs-
faktor (i. M. 0,8). Da ferner die zum Antrieb des Motors aufzuwendende
Leistung in Kilowatt ausgedrückt wird, ist die nach Vorstehendem sich
ergebende Anzahl von PS noch mit 0,736 zu multiplizieren, um die erforderliche Anzahl kW zu erhalten. Dieser Wert, mit dem Preise einer
Kilowattstunde multipliziert, ergibt schließlich die stündlichen Kosten
für den Stromverbrauch des Motors.

Der Verbrauch an Schmier- und Putzmaterialien ist bei
Elektromotoren sehr gering, doch hat die angetriebene Maschine stets
einen gewissen Bedarf. Da die Preise für elektrischen Strom innerhalb
weiter Grenzen schwanken, lassen sich die Kosten der Schmier- und Putzmaterialien hier nicht gut in Prozenten der Stromkosten ausdrücken; man
rechnet sie besser für die kWh, und zwar dürften sie bei den heutigen
Preisen im allgemeinen ausreichend berücksichtigt sein, wenn man setzt:

Schmier- und Putzmaterialkosten 1 Pf./kWh.

Nur bei Geräten, die viel Schmiermaterial erfordern, wie z. B. Aufbereitungsanlagen und Betonmischmaschinen, empfiehlt es sich, etwas
mehr zu rechnen.

Hinsichtlich der Betriebsunterbrechungen und ihres Einflusses auf
die Kosten gilt auch hier das für Verbrennungsmaschinen Gesagte.

6. Erdarbeiten.

Unter Erdarbeiten versteht man das Ausheben von Erdmassen,
das Transportieren derselben und das Abladen an anderer Stelle. Diese
Arbeiten können auf die mannigfaltigste Weise ausgeführt werden,
wobei die jeweiligen örtlichen Verhältnisse, der Umfang der zu bewegenden Masse, die Transportweite, Bodenart und anderes mehr bei Wahl
der anzuwendenden Methode von Einfluß sein werden. Im allgemeinen
wird man die zweckmäßigste Ausführungsart auf Grund praktischer Erfahrungen ohne weiteres bestimmen können; im Zweifelsfalle empfiehlt
es sich, eine vergleichende Kostenberechnung aufzustellen.

Sehr oft liegen die Verhältnisse so, daß die ganze Arbeit nicht auf
ein und dieselbe Art und Weise ausgeführt werden kann. Bei größeren
Erdarbeiten ist dies z. B. fast immer der Fall, da bei diesen zur Vorbereitung des maschinellen Hauptbetriebes oder auch nach dessen Beendigung kleinere Handbetriebe eingerichtet werden müssen. In solchen
und ähnlichen Fällen muß man die auf verschiedene Weise zu bewegenden
Bodenmengen möglichst genau bestimmen, für diese die Kosten be-

rechnen und daraus den durchschnittlichen Einheitspreis der ganzen Arbeit ermitteln.

Häufig kommt es auch vor, daß noch zusätzliche Erdarbeiten ausgeführt werden müssen, d. h., daß Bodenmassen zu bewegen sind, die nicht zu den vertraglich zu vergütenden Mengen gehören. Dieser Fall tritt z. B. ein, wenn bei Ausschachten einer Baugrube nur die über der Fundamentgrundfläche liegende Bodenmenge bezahlt wird, die zur Bildung der Baugrubenböschungen noch auszuhebenden Partien aber in der Bezahlung nicht eingeschlossen sind. Ferner kann es vorkommen, daß für den Transport von Bodenmassen Rampen geschüttet werden müssen, oder daß für das Arbeiten eines Baggers Platz zu schaffen ist. In allen solchen Fällen sind die voraussichtlich entstehenden Mehrmassen möglichst genau zu ermitteln, die durch diese Arbeiten erwachsenden Mehrkosten zu berechnen und zu denjenigen der übrigen Erdarbeiten hinzuzuschlagen. Sind die Selbstkosten für die Bewegung der in der Bezahlung eingeschlossenen Maße und der zusätzlichen Bodenmenge die gleichen, so erhöht man einfach den berechneten Preis im Verhältnis der tatsächlich zu fördernden ganzen Masse zu der bezahlten Menge. Sind die Kosten dagegen verschieden, so ist wie oben der durchschnittliche Einheitspreis zu bilden.

Auf die Kosten einer Erdarbeit ist natürlich die Art des Bodens in hohem Maße von Einfluß. Entsprechend dem Widerstande, den der Boden dem Lösen entgegensetzt, kann man zwischen leichtem, mittelschwerem, schwerem und sehr schwerem Boden unterscheiden, und zwar entfallen unter diese vier Bodenkategorien folgende Bodensorten:

1. Leichter Boden: Humus, loser Sand und Kies, lose Dammerde, d. h. Erdsorten ohne inneren Zusammenhang.

2. Mittelschwerer Boden: Festgelagerter Sand und feiner fester Kies, leichter oder sandiger Lehm, Torf, nasser Sand, d. h. Erdsorten mit geringem inneren Zusammenhang (Stichboden).

3. Schwerer Boden: Grober, festgelagerter Kies, schwerer Lehm und Ton, Mergel, loses Geröll, d. h. Erdsorten mit starkem inneren Zusammenhang (Hackboden), außerdem Triebsand.

4. Sehr schwerer Boden: Schwerer Mergel, Trümmergestein, weicher, mit Spitzhacke noch zu lösender Fels und nasser Lehm.

Nasser Boden ist immer bedeutend schwerer zu bewegen als Boden in trockenem Zustande, besonders nasser feiner Sand, Schlick und Ton, und zwar verursacht nicht nur das Lösen und Laden solcher Bodenarten größere Arbeit, sondern auch das Transportieren und Kippen. Die nassen Bodensorten muß man daher, wie oben schon angedeutet, stets in höhere Bodenklassen einreihen als die trockenen.

Bei der Kostenberechnung von Erdarbeiten wählt man als Einheit stets den Kubikmeter Boden in gewachsenem Zustand, also im Abtrag, und nicht etwa in den Transportgefäßen oder in der Anschüttung gemessen.

Zur Berechnung der Transportkosten braucht man infolgedessen noch das Auflockerungsmaß des Bodens, d. h. die infolge der Ausschachtung entstehende Volumenvergrößerung. Dies Maß ist je nach der Bodenart verschieden und beträgt durchschnittlich bei:

Sand und Dammerde . . . . 10 % Lehm, Ton und Geröll . . . 30 %
Kies und sandigem Lehm . . 20 % Mergel und lockerem Fels . . 40 %

d. h. 1 cbm gewachsener Boden ergibt im Fördergefäß gemessen 1,10 bis 1,40 cbm losen Boden. Bei schwerem Lehmboden kann unter Umständen eine noch größere Auflockerung eintreten, wenn z. B. der Boden mit Löffelbaggern gelöst wird und in einzelnen großen Stücken in die Wagen gelangt.

Das Aufstellen eines Bauprogramms ist bei Erdarbeiten, wenigstens bei den großen maschinellen Betrieben, von besonderer Wichtigkeit und sollte hier stets auf das genaueste durchgeführt werden. Sehr oft lassen sich erst auf Grund des Bauprogramms die für den betreffenden Fall geeignetste Ausführungsweise sowie die zweckmäßigsten Baugeräte ermitteln, deren Größe wie Anzahl überhaupt nur an Hand einer richtig durchgearbeiteten Baudisposition bestimmt werden können.

Je nach Art und Weise, in welcher der Boden gelöst, ausgehoben und transportiert wird, kann man bei Erdarbeiten die in den nachstehenden Abschnitten besprochenen acht verschiedenen Betriebe unterscheiden. Über das Transportieren mittels Förderbändern siehe das in Kapitel 4 (S. 16) Gesagte.

Bei Wahl des Erdbetriebes kann als Grundsatz gelten: Je größer die zu bewegende Erdmasse ist und je größer die Transportweite, um so größer sollen auch die Fördergefäße und infolgedessen natürlich auch die Maschinen, insbesondere die Lokomotiven gewählt werden, und um so stärker das Gleis.

Der Art der ganzen Arbeit entsprechend setzen sich die Kosten von Erdarbeiten stets aus folgenden Teilbeträgen zusammen: Kosten für Lösen und Laden des Bodens, Kosten für Transportieren desselben und Kosten für Kippen, wobei die letzten beiden Arbeiten auch zusammengefaßt werden können.

Auf die Höhe des ersten Teilbetrages sind — ganz allgemein — in der Hauptsache die Bodenart und die Ladeverhältnisse von Einfluß. Je größer der Widerstand ist, den der Boden dem Lösen entgegensetzt, und je höher (besonders bei Handarbeit) der Boden gefördert werden muß, bis er in die Transportgefäße gelangt, um so teurer wird die Arbeit sein.

Die Höhe der Transportkosten wird bedingt durch den Inhalt der Fördergefäße, d. h. den Laderaum, ferner durch das Auflockerungsmaß, die Transportweite, das Gefälle oder die Steigung der Förderbahn und die Transportgeschwindigkeit. Unter Transportweite ist hierbei stets die Entfernung zwischen den Mittelpunkten von Abtrag und Auftrag zu verstehen, für das Gefälle bzw. die Steigung jedoch gilt nicht die Höhendifferenz dieser beiden Punkte, sondern der Unterschied zwischen dem mittleren Anfangs- und mittleren Endpunkt der Förderbahn. Kommen Gegensteigungen in Frage, so sind diese noch zu diesem Höhenmaß hinzuzufügen.

Die Arbeit des **Kippens** wird natürlich je nach der Art des Bodens und der Art der Kippe verschieden teuer sein. Häufig muß der gekippte Boden auch noch ausgebreitet und gestampft oder gewalzt werden, Arbeiten, die man aber stets getrennt von der des Kippens betrachten sollte (s. Abschnitt J, S. 71).

A. Einfaches Werfen des Bodens mit der Schaufel.

Diese Art der Bodenbewegung kann vorkommen beim Ausheben kleiner Gräben, bei Herrichten eines Gleisplanums oder im Zusammenhange mit anderen Erdarbeiten. Ein Arbeiter wirft den Boden bis etwa 2—3 m weit und gleichzeitig bis etwa 1 m hoch.

Handelt es sich um **gewachsenen Boden**, der also vor dem Werfen erst noch gelöst werden muß, so entspricht die zu leistende Arbeit je nach der Wurfweite und Wurfhöhe ungefähr dem in den Abschnitten C und E für Muldenkipper- und Lokomotivbetriebe mit „Lösen und Laden" bezeichneten Arbeitsaufwand, d. h. es kostet:

Gewachsenen Boden lösen und werfen:

1. Leichter Boden	0,7—1,1, i. M. 0,9	Arb.-Std./cbm
2. Mittelschwerer Boden . . .	1,1—1,9, „ 1,5	„
3. Schwerer Boden.	1,9—2,9, „ 2,4	„
4. Sehr schwerer Boden . . .	2,9—4,3, „ 3,6	„

Ist der Boden jedoch bereits **gelöst** und soll er lediglich durch Schaufelarbeit weiter befördert werden, so kann man für jeden Wurf von 2—3 m Weite bei den verschiedenen Bodenarten ungefähr folgenden Arbeitsaufwand für den **Kubikmeter gewachsenen Boden** rechnen:

Gelösten Boden werfen	Schaufeln von der Erde oder vom Haufen	Schaufeln von glatter Unterlage
	Arb.-Std./cbm	Arb.-Std./cbm
1. Leichter Boden	0,6—0,8, i. M. 0,7	0,6—0,8, i. M. 0,7
2. Mittelschwerer Boden . . .	0,8—1,2, „ 1,0	0,7—0,9, „ 0,8
3. Schwerer Boden.	1,2—1,6, „ 1,4	0,9—1,1, „ 1,0
4. Sehr schwerer Boden . . .	1,6—2,4, „ 2,0	1,2—1,6, „ 1,4

Im allgemeinen wird der einmal geworfene Boden höchstens noch ein zweites Mal auf diese Weise bewegt; sobald die Entfernung größer ist, verwendet man vorteilhafter Transportgeräte.

B. Schubkarrenbetriebe.

Schubkarren finden im allgemeinen nur bei ganz geringen Transportweiten und kleinen Bodenmengen Verwendung, z. B. bei Vorarbeiten für größere Erdbetriebe, Ausschachten kleiner Baugruben usw., und da, wo die örtlichen Verhältnisse die Verwendung von Muldenkippern oder Transportbändern nicht zulassen.

Die aus der Verwendung der Baugeräte, d. h. der Schubkarren entstehenden Auslagen, sowie die Kosten der Karrbohlen können im allgemeinen vernachlässigt werden, da sie gegenüber den Kosten der eigentlichen Arbeit verschwindend klein sind. Diese letzten Kosten lassen sich wie folgt berechnen:

1. Lösen und Laden des Bodens.

Man kann rechnen, daß das Lösen von Boden und Laden in Schubkarren ungefähr folgenden Arbeitsaufwand erfordert:

1. Leichter Boden . . . . . . 0,6—0,9, i.M. 0,7 Arb.-Std./cbm
2. Mittelschwerer Boden . . . 0,9—1,5, „ 1,2 „
3. Schwerer Boden . . . . . . 1,5—2,5, „ 2,0 „
4. Sehr schwerer Boden . . . 2,5—3,5, „ 3,0 „

2. Transportieren und Kippen.

Der Inhalt eines Schubkarrens beträgt, bis zu seinem oberen Rande gemessen, im allgemeinen etwa 70—75 l. Meist wird der Karren gehäuft voll geladen. Wenn man dies berücksichtigt, sowie die Auflockerung des Bodens in Rechnung zieht, so kann man folgende Lademengen gewachsenen Bodens für einen Schubkarren annehmen:

Auflockerungsmaß . . %	10	20	30	40
Lademenge . . . . cbm	0,068	0,063	0,058	0,053

Die Fahrgeschwindigkeit eines Schubkarrens auf horizontaler Bahn beträgt, beladen oder unbeladen, durchschnittlich etwa 60 m/Min. Den Einfluß von Steigung und Gefälle in der Fahrbahn, d. h. den dadurch bedingten größeren Kraftaufwand oder das verringerte Lademaß berücksichtigt man am besten durch eine entsprechende Verlängerung der Transportweite, und zwar kann man für 1 m Steigung etwa 15 m, für 1 m Gefälle etwa 10 m rechnen. Auf jeder Fahrt entstehen an Lade- und Entladestelle — ausschließlich der Zeit für das Laden — Aufenthalte, die zusammen etwa $1\frac{1}{2}$ Minuten, bei größeren Distanzen oder schwer kippbarem Boden etwa 2 Minuten ausmachen. Auch diese Zeitverluste kann man durch eine Verlängerung der Transportweite berücksichtigen, und zwar wird dem ersten Zeitverlust eine Länge von etwa 40 m, dem letzten eine solche von etwa 60 m entsprechen.

Unter Zugrundelegung dieser Werte berechnen sich die Transportkosten für 1 cbm Boden nun wie folgt:

In 1 Minute transportiert 1 Arbeiter 3 Schubkarren je 20 m weit, in 1 Stunde unter Berücksichtigung des Rückweges also 90 Schubkarren, d. h. je nach der Größe des Auflockerungsmaßes 6,10—4,75 cbm gewachsenen Boden. Es kostet somit:

Art der Arbeit	Auflockerungsmaß			
	10 %	20 %	30 %	40 %
	Arb.-Std.	Arb.-Std.	Arb.-Std.	Arb.-Std.
1 cbm Boden 20 m weit horizontal zu bewegen	0,16	0,18	0,19	0,21
1 m Steigung zu überwinden	0,13	0,14	0,15	0,16
1 m Gefälle zu überwinden	0,08	0,09	0,10	0,11
Aufenthalte für 1 cbm Boden	0,32—0,48	0,36—0,54	0,38—0,57	0,42—0,63

Unter Zugrundelegung der virtuellen Länge

$$L = \text{Transportweite} + \text{Steigung} \cdot 15 \quad (\text{oder} \quad \text{Gefälle} \cdot 10) + (40\text{—}60\,\text{m})$$

kostet 1 cbm Boden zu bewegen:

$$\frac{L}{20}\,(0{,}16\text{—}0{,}21)\ \text{Arb.-Std.}$$

3. Aufsicht.

Bei Berechnung der Aufsichtskosten kann angenommen werden, daß durchschnittlich auf etwa 15 Arbeiter 1 Aufseher oder Vorarbeiter entfällt. Für Aufsicht sind daher an Aufseherstunden etwa 7 % aller Arbeiterstunden, oder unter Berücksichtigung des höheren Lohnes des Aufsehers etwa 9 % der Arbeiterstunden bzw. der Arbeiterlöhne zu rechnen.

Auf der Kippe ist meist noch ein Mann mit Einebnen des Bodens und Verschieben der Karrbohlen beschäftigt. Nimmt man die Arbeitsgruppe wieder mit etwa 15 Mann an, so kann man diesen Arbeiter durch eine weitere Erhöhung der Arbeiterstunden um etwa 7 % berücksichtigen, oder die Kosten dieses Mannes zusammen mit denen der Aufsicht durch einen Zuschlag von rund $^1/_6$ der Arbeiterstunden.

Durch Addition der sich aus Vorstehendem ergebenden Teilbeträge findet man schließlich den Gesamtarbeitsaufwand und durch Multiplikation mit dem Arbeiterlohn den Gesamtpreis für die Bodenbewegung.

4. Durchschnittliche Gesamtkosten.

Nimmt man der Einfachheit halber an, daß die vier Auflockerungsmaße den vier verschiedenen Bodenklassen entsprechen, was angenähert der Fall sein dürfte, so kann man folgende Durchschnittswerte für Schubkarrenbetriebe rechnen, wobei eine Transportweite von 40 m oder eine solche von 25 m + 1 m Steigung zugrunde gelegt werden soll.

Bodenart	Lösen und Laden	Transportieren und Kippen	Aufsicht usw.	Zusammen
	Arb.-Std./cbm	Arb.-Std./cbm	Arb.-Std./cbm	Arb.-Std./cbm
1. Leichter Boden . .	0,7	0,6	0,2	1,5
2. Mittelschwerer Boden	1,2	0,7	0,3	2,2
3. Schwerer Boden . .	2,0	0,8	0,5	3,3
4. Sehr schwerer Boden	3,0	0,9	0,7	4,6

C. Muldenkipperbetriebe.

Bei nicht allzu großen Massen und geringer Transportweite sind die sogenannten Muldenkipperbetriebe die gebräuchlichsten. Der Muldenkipper wird im allgemeinen von zwei Arbeitern geladen und stets — auch bei leichtem Boden — von zwei Mann zur Kippe geschoben; meist werden beide Arbeiten von denselben Leuten ausgeführt. Als Grenzen der Transportweite können bei reiner Handarbeit etwa 20 und 300 m gelten. Bei größeren Entfernungen empfiehlt es sich im allgemeinen, zur Förderung Zugtiere oder Lokomotiven zu verwenden.

1. Bedarf an Baugeräten.

Beim Muldenkipperbetrieb dürfen die aus der Verwendung von Baugeräten entstehenden Kosten nicht mehr wie bei dem Schubkarrenbetrieb vernachlässigt werden, da sie bereits von einigem Einfluß auf den Gesamtpreis der Arbeit sind. Der Umfang der erforderlichen Geräte muß hier daher ermittelt werden, und zwar entweder durch Rechnung oder wenigstens durch Schätzung.

An Baugeräten werden benötigt: Muldenkipper und Gleis, dieses entweder bestehend aus fertig auf eisernen Schwellen montierten Schienen, sogenanntem Rahmengleis, oder — jedoch seltener — aus Schienen, die bei jedem Bau von neuem auf hölzerne Schwellen genagelt werden.

Die Anzahl der benötigten Wagen kann man auf Grund der weiter unten angeführten Zahlenwerte und folgender Überlegung berechnen:

Vorausgesetzt, daß mit Lösen und Laden des Bodens stets nur zwei Mann an einem Wagen beschäftigt sind, erfordert diese Arbeit je nach der Bodenart einen Zeitaufwand von durchschnittlich 0,40, 0,70, 1,15 oder 1,70 Std./cbm (s. Abschnitt 3). Das Befördern eines Muldenkippers zur Kippe und zurück benötigt bei einer virtuellen Länge von L Metern und einer Fahrgeschwindigkeit von 60 m/Min. (s. Abschnitt 4) einen Zeitaufwand von $\frac{L}{30}$ Minuten und 1 cbm somit bei einem Muldenkipperinhalt von 0,75 — 0,60 cbm gewachsenen Boden (S. 33)

$$\frac{L}{30 \cdot 60\,(0{,}75 - 0{,}60)} = \frac{L}{1350 - 1080} \text{ Stunden.}$$

Auf Grund dieser Werte ergeben sich die Bodenmengen, die mit einem Muldenkipper in der Stunde befördert werden können, wenn man wieder für die vier verschiedenen Bodenklassen die vier Auflockerungsmaße in gleicher Reihenfolge annimmt, zu:

1. Leichter Boden $\dfrac{1}{0{,}40 + \dfrac{L}{1350}}$ cbm/Std.

2. Mittelschwerer Boden $\dfrac{1}{0{,}70 + \dfrac{L}{1260}}$ cbm/Std.

3. Schwerer Boden $\dfrac{1}{1{,}15 + \dfrac{L}{1170}}$ cbm/Std.

4. Sehr schwerer Boden $\dfrac{1}{1{,}70 + \dfrac{L}{1080}}$ cbm/Std.

Aus der stündlichen Leistungsfähigkeit eines Muldenkippers und der stündlich zu fördernden Bodenmenge findet man dann leicht die erforderliche Anzahl Wagen, zu der als Reserve, d. h. für in Reparatur befindliche Wagen, etwa 20% zugeschlagen werden müssen.

Die erforderliche Gleislänge bestimmt man am besten an Hand eines Lageplanes, in den man die Gleisanlage einzeichnet. Beim Entwerfen dieser Anlage ist zu berücksichtigen, daß die Steigung für Muldenkippergleis nicht größer als 1 : 25 sein sollte, besser aber nur 1 : 50.

2. Gerätekosten.

Über die Gerätekosten, die sich aus den vier Teilbeträgen: Tilgung und Verzinsung der Gerätebeschaffungskosten, Transportkosten, Installationskosten und Reparaturkosten zusammensetzen, siehe zunächst das in Kapitel 15 Gesagte; im weiteren sei noch folgendes bemerkt.

Das Gewicht eines Muldenkippers mit $^3/_4$ cbm Fassungsraum beträgt durchschnittlich 0,45 t ohne und 0,55 t mit Bremse.

Bei Gleisen, bestehend aus Schienen auf hölzernen Schwellen, betrachtet man die Schwellen, wie auch das Kleineisenzeug, d. h. Nägel und Laschenbolzen, des raschen Verbrauchs wegen nicht als Inventar, sondern richtiger als Verbrauchsmaterial, und rechnet die aus der Beschaffung entstehenden Auslagen unter die Installationskosten. Über den Bedarf an Schwellen usw. sowie das Gewicht der Schienen siehe die Aufstellung auf S. 45.

Fertig montiertes Rahmengleis, wie es für derartige Betriebe zur Verwendung gelangt, besteht im allgemeinen aus 70 mm hohen Schienen mit 9 kg Gewicht und wiegt 24 kg/lfd. m. Die hierzu passenden Weichen besitzen ein Gewicht von rund 250 kg/Stück (s. S. 44).

Die Installationskosten bestehen im allgemeinen nur in den Kosten für das Legen und Wiederaufnehmen des Gleises, eine Arbeit, die zusammen durchschnittlich folgenden Arbeitsaufwand erfordern:

        Rahmengleis . . . . 0,6—0,8 Arb.-Std./lfd. m
        Schienen auf hölzernen Schwellen . 1,2—1,4   „

In diesen Werten können als eingeschlossen betrachtet werden: Kurze Antransporte der Gleismaterialien, geringe Planierungsarbeiten, die durch Weichen und Drehscheiben bedingten Mehrarbeiten, sowie der Zuschlag für Aufsicht. Weichen sind hierbei stets als doppeltes Gleis zu rechnen; die Länge einer Weiche beträgt i. M. 5 m.

Kommt das Gleis auf weichen Boden zu liegen, so ist für das Einbauen von Unterfangungen, bestehend aus Balken, Schwellen usw., und für den Verlust an solchen Materialien ein Zuschlag zu obigen Werten zu machen, der natürlich innerhalb weiter Grenzen schwanken kann. Im Durchschnitt dürfte er ungefähr so viel wie die Installationskosten von Gleis mit hölzernen Schwellen betragen.

Werden Transport- oder Schüttgerüste erforderlich, so sind deren Kosten auf Grund der unter Zimmererarbeiten (s. S. 114), gemachten Angaben betreffend Holzbedarf und Arbeitsaufwand für Aufstellen und Abbrechen von leichten Gerüsten zu ermitteln.

Die Kosten der eigentlichen Erdarbeiten setzen sich zusammen aus:

3. Lösen und Laden des Bodens.

Für das Lösen von Boden und Laden in Muldenkipper kann man zusammen folgende Werte annehmen:

1. Leichter Boden . . . . . 0,7—1,0, i. M. 0,8 Arb.-Std./cbm
2. Mittelschwerer Boden . . . 1,0—1,8, „ 1,4 „
3. Schwerer Boden . . . . . 1,8—2,8, „ 2,3 „
4. Sehr schwerer Boden . . . 2,8—4,0, „ 3,4 „

Diese Werte gelten für den Fall, daß der Boden von Gleishöhe aus geladen werden kann. Muß er aus größerer Tiefe herauf in die Wagen geworfen werden, so sind sie, solange es sich noch um einen Wurf handelt, je nach Bodenart und Wurfhöhe um 0,1—0,5 Arb.-Std. zu erhöhen. Kann der Boden dagegen von oben herunter geladen werden, so wird sich die Arbeit etwas billiger stellen.

4. Transportieren und Kippen.

Der Inhalt eines Muldenkippers, wie er bei Handtransporten üblich ist, beträgt — gestrichen voll — 0,75 cbm. Da die Wagen meist gehäuft voll geladen werden, kann man unter Berücksichtigung des Auflockerungsmaßes annehmen, daß in einem Wagen je nach der Bodenart untergebracht werden können:

Auflockerungsmaß . . %	10	20	30	40
Gewachsener Boden cbm	0,75	0,70	0,65	0,60

Sollten die Wagen aus irgendeinem Grunde nicht voll geladen werden können, so verringern sich diese Mengen natürlich entsprechend, wenn sie z. B. nur gestrichen voll sind, um ca. 10%.

Vorstehenden Zahlenwerten entspricht ein Bruttogewicht des beladenen Wagens von etwa 1,5—2 t. Da ein Mann, unter der Annahme einer Zugkraft von 12 kg (d. h. $^1/_5$—$^1/_6$ seines Eigengewichtes) und eines Reibungswiderstandes zwischen Wagen und Muldenkippergleis von 10—12 kg im Durchschnitt 1—1$^1/_4$ t auf der Horizontalen zu ziehen oder zu stoßen vermag, genügen in allen Fällen, auch bei schwerstem Boden, für horizontale Transporte zwei Mann.

Die Fahrgeschwindigkeit eines Muldenkippers beträgt wie bei Schubkarren durchschnittlich 60 m/Min.

Sind Steigungen in der Fahrbahn zu überwinden, so muß, falls dadurch der Widerstand für zwei Arbeiter zu groß wird, entweder das Lademaß verringert oder ein dritter Mann zum Stoßen angesetzt werden. Bei leichteren Bodensorten wird dies jedoch, wie aus obigem ersichtlich, erst bei stärkerer Steigung erforderlich sein. Man berücksichtigt diesen Umstand bei der Kostenberechnung am besten dadurch, daß man die Transportweite entsprechend verlängert, und zwar indem man für jeden Meter Steigung 50 m horizontale Bahn annimmt, während ein Gefälle im Transportgleis außer acht gelassen werden kann, da ein solches, sofern es nicht sehr groß ist, keinen zusätzlichen Kraftaufwand fordert, auch nicht bei der Rückfahrt.

Die Aufenthalte, die der Betrieb erleidet, kann man mit etwa 2 Minuten pro Tour auf der Ladestelle (ausschließlich dem Laden) und je nach der Art des Bodens und der Kippe mit 3—5 Minuten (unter Umständen auch mehr) auf der Entladestelle annehmen. Auf jeder Fahrt entstehen also im allgemeinen etwa 5—7 Minuten Aufenthalt, worin auch diejenigen Zeitverluste als eingeschlossen angesehen werden können, die durch Entgleisen von Wagen unterwegs oder Umfallen auf der Kippe ab und zu entstehen.

Die Teilbeträge der Transportkosten ergeben sich nun in ähnlicher Weise wie beim Schubkarrenbetrieb. Es erfordert, stets unter der Annahme, daß jeder Wagen von zwei Leuten geschoben wird:

Art der Arbeit	Auflockerungsmaß			
	10 %	20 %	30 %	40 %
	Arb.-Std.	Arb.-Std.	Arb.-Std.	Arb.-Std.
1 cbm Boden 50 m weit horizontal zu bewegen oder 1 m Steigung zu überwinden	0,074	0,080	0,085	0,093
Aufenthalte für 1 cbm Boden	0,222	0,240	0,255	0,279
	bis	bis	bis	bis
	0,310	0,336	0,357	0,390
i. M.:	0,27	0,29	0,31	0,33

oder es kostet 1 cbm Boden zu bewegen unter Berücksichtigung der virtuellen Länge

$$L = \text{Transportweite} + \text{Steigung} \cdot 50 + (150\text{—}210 \text{ m})$$
$$\frac{L}{50} (0,074\text{—}0,093) \text{ Arb.-Std.,}$$

wobei geringe Steigungen in der Bahn bei leichten Bodensorten nicht besonders berücksichtigt zu werden brauchen.

Auf der Kippe sind ein paar Arbeiter erforderlich, um beim Kippen und Entleeren der Wagen behilflich zu sein, ferner den gekippten Boden vom Gleis fortzuschaufeln und das Gleis zu verschieben. Bei hohen Kippen und leichtem Boden genügt für einen Schacht von etwa 20 Mann ein Arbeiter, bei flachen Kippen, die häufiges Rücken des Gleises erfordern, und bei schwerem Boden werden 2—3 Mann erforderlich sein, also etwa $^1/_{20}$—$^1/_7$ der Schachtmannschaft. Die Kosten der Kippe betragen somit 5—15%, oder durchschnittlich 10% der aus Lösen, Laden und Transportieren sich ergebenden Kosten.

5. Aufsicht.

Für die Überwachung der Arbeit sind an Aufseherstunden durchschnittlich etwa 4% aller Arbeiterstunden zu rechnen, da ein Aufseher bei derartigen Betrieben etwa 20—30 Mann beaufsichtigen kann; oder man schlägt, unter Berücksichtigung des höheren Lohnes der Aufseher, zu den gesamten Arbeiterlöhnen durchschnittlich 5% hinzu, bei kleineren Arbeitsgruppen natürlich entsprechend mehr.

6. Zugtiertransporte.

Ist der Boden weiter als etwa 300 m zu bewegen, oder ist die Fahrbahn auf eine längere Strecke geneigt, so verwendet man für den Transport der Muldenkipper vorteilhafterweise Zugtiere. Die Kosten, die aus einem derartigen Transport entstehen, werden in gleicher Weise berechnet wie bei Handtransporten.

Die Fahrgeschwindigkeit beträgt bei Pferde- oder Maultiertransporten durchschnittlich etwa 70 m/Min. Auf guter horizontaler Bahn kann ein Zugtier im allgemeinen 4 Muldenkipper mit je $^3/_4$ cbm Inhalt (oder 3 zu 1 cbm) ziehen, auf geneigter Bahn, die im Maximum 1:30, besser aber nur 1:70 betragen soll, jedoch nur noch 2—3 Wagen je $^3/_4$ cbm Inhalt. Die genaue Anzahl Wagen läßt sich für die verschiedenen Verhältnisse und Bodensorten auf Grund der Zugkraft eines Zugtieres und dem Reibungswiderstand zwischen Wagen und Gleis in gleicher Weise berechnen, wie dies oben für Handtransporte beschrieben wurde. Die Zugkraft eines Pferdes kann hierbei mit 70 kg angenommen werden. Zwei Zugtiere ziehen nicht ganz das Doppelte wie eines. Mit Rücksicht auf die Anlage des Gleises müssen die beiden Pferde hintereinander laufen; meist wird aber einspännig gefahren.

Die Aufenthalte auf jeder Tour sind größer als bei Handtransporten, einmal weil auf der Entnahmestelle die vollen Wagen nicht immer gerade bereitstehen werden, wenn die leeren zurückkommen, und ferner, weil auf der Ablagerungsstelle die Wagen von einer besonderen Kippmannschaft entladen werden müssen. Man muß daher mit etwa 6 bis 15 Minuten oder durchschnittlich 10 Minuten Aufenthalt für die Tour rechnen.

Hiernach findet man folgende Durchschnittszahlen zur Berechnung der Transportkosten:

Art der Arbeit	Auflockerungsmaß			
	10 %	20 %	30 %	40 %
	Gespann.-Std.	Gespann-Std.	Gespann-Std.	Gespann-Std.
1 cbm Boden 50 m weit zu bewegen auf horizontaler Bahn (4 Wagen je $^3/_4$ cbm Inhalt)	0,008	0,0085	0,009	0,010
1 cbm Boden 50 m weit zu bewegen auf geneigter Bahn (2—3 Wagen je $^3/_4$ cbm Inhalt)	0,013	0,014	0,015	0,016

Als Kosten einer „Gespannstunde" sind die Auslagen für ein Gespann, bestehend aus einem Zugtier nebst Treiber während einer Stunde einzusetzen.

Die Aufenthalte berücksichtigt man am einfachsten dadurch, daß man die Transportweite um 200—500 m, i. M. also 350 m verlängert.

Die Kosten für den Transport von 1 cbm betragen also bei einer virtuellen Länge von

$$L = \text{Transportweite} + (200\text{—}500 \text{ m})$$

auf der Horizontalen

$$\frac{L}{50} (0,008\text{—}0,010) \text{ Gespann-Std.}$$

auf geneigter Bahn

$$\frac{L}{50} (0,013\text{—}0,016) \text{ Gespann-Std.}$$

Zu beachten ist noch, daß die Wagen sehr oft im Schacht erst ein Stück weit von Hand geschoben werden müssen, bevor die Zugtiere vorgespannt werden können. In solchen Fällen sind die Transportkosten für diese Strecke nach den früheren Angaben zu berechnen, wobei die Kosten für Aufenthalte jedoch halbiert werden können. Für den übrigen Teil der Strecke ergeben sich die Kosten auf Grund obiger Daten.

Auf der Kippe ist zum Entladen der Wagen bei Zugtiertransporten eine besondere Arbeiterkolonne erforderlich, da zur Ausführung dieser Arbeit die Transportleute natürlich fehlen. Die Kosten des Kippens lassen sich daher nicht mehr in gleicher Art wie beim Handtransport ermitteln.

Die Größe der Kippkolonne wird sich nach der täglich zu befördernden Bodenmenge sowie nach der Art der Kippe richten. Am besten drückt man die Kosten des Kippens wie beim Lokomotivtransport durch Arbeiterstunden für die Leistungseinheit aus, und zwar kann man hierbei im allgemeinen rechnen (s. S. 50)

$$0{,}2\text{---}0{,}4 \text{ Arb.-Std./cbm gewachsenen Boden.}$$

Müssen die Wagen auf der Kippe von der Kippmannschaft erst noch ein Stück weit von Hand geschoben werden, so sind diese Zahlenwerte etwas zu erhöhen.

Die Anzahl der bei Zugtiertransporten benötigten Wagen läßt sich mit genügender Genauigkeit nach den oben für Handtransport angeführten Formeln berechnen.

7. Vorspann.

Ist die Fahrbahn für Handtransporte nicht zu lang, besitzt sie aber auf eine kürzere Strecke eine starke Neigung, die von Hand nicht mehr gut überwunden werden kann, so empfiehlt es sich, falls man nicht zweckmäßigerweise einen maschinellen Betrieb (z. B. eine Aufzugswinde) zwischenschaltet, Vorspann zu benutzen, d. h. für die betreffende Strecke Zugtiere zu verwenden. Da es sich in einem solchen Falle aber nicht um einen reinen Zugtiertransport handelt, sondern lediglich um eine Unterstützung des Handtransportes, und die Transportleute hier auf die ganze Strecke mitgehen, so sind die Kosten zunächst nach dem in Abschnitt 4 Gesagten zu berechnen. Für den Vorspann ist alsdann noch ein Zuschlag zu machen, der sich am besten aus der Anzahl und Stärke der benötigten Gespanne, deren Tageskosten sowie der täglichen Leistung ergibt.

D. Kraftwagen- und Fuhrwerksbetriebe.

Sind kleine Bodenmengen auf größere Entfernung zu transportieren, oder verbieten die örtlichen Verhältnisse das Legen von Gleisen, wie dies beides z. B. in Städten vorkommen kann, so benutzt man für den Transport des Bodens Kraftwagen oder, heute seltener, Fuhrwerke. Da diese Art der Bodenbewegung gegenüber den anderen Methoden immer sehr teuer zu stehen kommt, wird man sie, wenn irgend möglich, zu vermeiden suchen.

1. Baugeräte.

Der Bedarf an Baugeräten ergibt sich aus der täglich zu befördernden Bodenmenge und der Leistungsfähigkeit eines Kraftwagens oder Fuhrwerks. Über diese Leistungsfähigkeit, wie auch über die aus der Beschaffung der Transportgeräte entstehenden Kosten siehe Näheres in Kapitel 4, S. 12.

2. Lösen und Laden des Bodens.

Diese Teilarbeit ist gegenüber den vorstehend beschriebenen Betrieben stets teurer, erstens infolge der meist größeren Wurfhöhe und zweitens weil die leeren Transportgeräte nicht immer so rechtzeitig zur Verfügung stehen werden, daß die Lademannschaft ununterbrochen beschäftigt sein wird. Man kann daher der Berechnung der Kosten zunächst die auf S. 47 stehenden Zahlenwerte für „Lösen und Laden" bei Lokomotivbetrieben zugrunde legen, muß aber zu diesen je nach den Verhältnissen Zuschläge bis zu 30% machen. Ist der zu ladende Boden bereits gelöst, so kommen die Sätze auf S. 28 gleichfalls mit einem Zuschlage in Frage.

Wird der Boden, was häufig der Fall ist, von Schüttgerüsten aus in die Fuhrwerke oder Kraftwagen gekippt, so sind Ladekosten nicht mehr zu rechnen, da sie identisch sind mit den Kippkosten des vorhergehenden Schubkarren- oder Muldenkipperbetriebes.

Über das Laden mittels Förderbändern, Kranen, Greifern usw. s. S. 16, 65 und 66.

3. Transportieren.

Die Transportkosten werden, wie auch bei anderen derartigen Transporten, durch das Lademaß des Kraftwagens oder Fuhrwerks, die Transportweite und die Fahrgeschwindigkeit bestimmt. Man berechnet sie in gleicher Weise, wie dies in Kapitel 4, Abschnitt 3 (S. 12) entwickelt wurde.

Ist das zulässige Lademaß in Kubikmeter ausgedrückt, so ist die Auflockerung des Bodens zu berücksichtigen, ist sie in Tonnen angegeben, so findet man die Lademenge auf Grund des spezifischen Gewichtes der betreffenden Bodenart (s. S. 42).

4. Ausladen.

Die Kosten für das Entladen von Boden aus Kraftwagen oder Fuhrwerken am Bestimmungsort wird sehr verschieden hoch sein, je nach der Art, in der die Wagen entladen werden.

Muß aller Boden von Hand ausgeschaufelt werden, so beträgt der hierfür erforderliche Arbeitsaufwand für 1 cbm gewachsenen Boden etwa:

1. Leichter Boden . . . . 0,7 Arb.-Std./cbm
2. Mittelschwerer Boden 0,8   ,,
3. Schwerer Boden 1,0   ,,
4. Sehr schwerer Boden 1,4   ,,

Fällt ein Teil des Bodens infolge des Entfernens der Seitenwände bereits aus dem Transportwagen heraus und braucht also nur ein Teil des Bodens aus den Wagenkasten ausgeschaufelt oder herausgeschoben zu werden, so kostet das Entladen von 1 cbm gewachsenem Boden etwa:

1. Leichter Boden . . . . 0,4 Arb.-Std./cbm
2. Mittelschwerer Boden 0,5   „
3. Schwerer Boden 0,6   „
4. Sehr schwerer Boden 0,8   „

Wird der Boden schließlich durch Anheben des Wagenkastens (bei Kraftwagen) gekippt, oder entladen die Fuhrleute (bei Fuhrwerken) den Wagen selbst, so fallen die Entladekosten ganz weg, da der Lohn des Wagenführers oder Fuhrmannes bereits im Transportpreis enthalten ist.

E. Lokomotivbetriebe.

Unter Lokomotivbetrieben versteht man diejenigen Erdbewegungen, bei denen der von Hand oder mittels Bagger gelöste Boden durch Lokomotiven nach seiner Einbaustelle befördert wird. Da ein derartiger Betrieb wesentlich größere Installationskosten verursacht als die bisher beschriebenen Arten von Erdbewegungen, gelangt er erst dann zur Anwendung, wenn Erdmassen von einigem Umfange zu bewegen sind, oder wenn bei kleineren Mengen die Transportweite zu groß ist, als daß sie noch durch Zugtiere rationell überwunden werden könnte.

Im Baubetrieb benutzt man für den Transport von Erdmassen auch heute noch vorzugsweise die Dampflokomotive, seltener Maschinen mit Verbrennungsmotoren und nur ausnahmsweise elektrische Lokomotiven. Die nachstehenden Ausführungen beziehen sich daher auch in erster Linie auf Dampflokomotiven, lassen sich jedoch sinngemäß auch auf Transportmaschinen anderer Art übertragen. Der Transport erfolgt auf Gleisen mit Spurweiten von 600—1000 mm. Am gebräuchlichsten sind in Deutschland die Spurweiten von 600 mm für Wagen bis zu 1 cbm Inhalt und 900 mm für Wagen von 2—4 cbm. Seltener trifft man 750 mm Spurweite an für Wagen von 1—2 cbm Inhalt. Das Kippen des Bodens erfolgt in allen Fällen durch besondere Arbeitskolonnen.

Wie bereits erwähnt, wird der Boden entweder von Hand oder unter Zuhilfenahme von Baggern gelöst und geladen. Obgleich die Handarbeit durch die maschinellen Betriebe mehr und mehr verdrängt wird, und dadurch an Bedeutung verliert, sollen der besseren Übersicht wegen im vorliegenden Kapitel doch zunächst nur die Lokomotivbetriebe mit Handladung besprochen werden und die Baggerbetriebe im nächsten Kapitel folgen. Das im Nachstehenden über Bauprogramm, über die Berechnung des Gerätebedarfs sowie über die Geräte-, die Transport- und Kippkosten Gesagte gilt aber sowohl für die Handarbeit, als auch für die Baggerarbeit, zum Teil für diese in erster Linie.

1. Bauprogramm.

In weit höherem Maße als die bisher beschriebenen Erdbetriebe fordert ein Lokomotivbetrieb die Aufstellung eines Bauprogramms, da die Verhältnisse, unter denen derartige Erdbewegungen ausgeführt werden, außerordentlich verschieden sein können und sich häufig ohne eine genaue Baudisposition von vornherein nicht in allen Teilen übersehen lassen. Dies gilt besonders für Erdbetriebe mit großen Transportweiten, bei denen die Ausarbeitung eines regelrechten Fahrplanes notwendig wird. Die zur Aufstellung eines solchen Fahrplanes erforderlichen Daten und Angaben sind im folgenden Abschnitt enthalten.

Die richtige Festsetzung der täglichen Leistung ist bei Ausarbeitung des Bauprogramms für einen Lokomotivbetrieb natürlich von besonderer Wichtigkeit. Bei Bestimmung der für die eigentliche Erdbewegung zur Verfügung stehenden Zeit und der demnach täglich zu leistenden Bodenmenge ist zunächst zu beachten, daß, bevor dieser Betrieb überhaupt beginnen kann, die Gleisanlage hergestellt werden muß. Es ist dies eine Arbeit, die unter Umständen viel Zeit in Anspruch nehmen wird, besonders wenn hiermit größere Erd- und Planierungsarbeiten oder gar der Bau von Transportbrücken verbunden sind.

Müssen keine wesentlichen vorbereitenden Arbeiten ausgeführt werden, oder lassen sich diese gleichzeitig mit dem Legen des Gleises vornehmen, ohne diese Arbeit zu stören, so kann man rechnen, daß täglich je nach Stärke der Gleislegekolonne 100—200 lfd. m Gleis verlegt werden können. Benutzt man für den Gleisbau maschinelle Einrichtungen, d. h. auf Wagen montierte Kräne, welche die von hinten ankommenden fertig zusammengesetzten Gleisstöße als Ganzes fassen und auf das Planum legen, so kann natürlich eine wesentlich größere Leistung erzielt werden. Die Verwendung von derartigen Einrichtungen lohnt sich aber nur, wenn es sich um das Verlegen längerer Transportgleise handelt.

Im weiteren ist, wie bereits früher erwähnt, darauf Rücksicht zu nehmen, daß besonders bei Baggerbetrieben zu Baubeginn und gegen Ende der Arbeit die tägliche Leistung fast immer hinter dem Tagesdurchschnitt zurückbleibt. In den meisten Fällen kann sich ein größerer Erdbetrieb nur nach und nach entwickeln, sei es, daß zu Anfang nur eine beschränkte Zahl Wagen gleichzeitig beladen werden kann, oder daß andere Umstände hindernd einwirken. Am Schlusse der Arbeit aber wird häufig viel Zeit durch Rest- und Putzarbeiten verlorengehen. In welchem Umfange beides der Fall sein wird, läßt sich meist nur schätzen, doch können die nachfolgenden Daten, betreffend die Lademöglichkeit von Wagen, wenigstens bei Beurteilung des ersten Punktes als Anhalt dienen.

Unter Berücksichtigung des vorstehend Gesagten wird zunächst die während der ganzen Betriebszeit erforderliche durchschnittliche Leistung ermittelt und sodann diejenige Leistung geschätzt, die im Vollbetrieb erreicht werden muß, und die man der Bestimmung des Bedarfs an Baugeräten zugrunde zu legen hat.

Im Anschluß hieran sollte man stets untersuchen, ob diese Leistungen, besonders die letztgenannte, auch wirklich erreicht werden können, oder ob nicht etwa die örtlichen Verhältnisse dies unmöglich machen. Nicht selten tritt nämlich der Fall ein, daß der Schacht nur für eine beschränkte Zahl Wagen Platz bietet, und daß dieser Umstand bestimmend für die tägliche Leistung und gegebenfalls für die Anzahl der zu erschließenden Schächte sein wird.

Um diese Überlegung zu erleichtern, sollen im Nachstehenden diejenigen Bodenmengen angegeben werden, die bei Handladung stündlich auf die Länge eines Wagens geladen werden können. Aus der Länge der Wagen einerseits und der Länge der Baugrube oder Ladestelle andererseits läßt sich dann die Zahl der Wagen, die gleichzeitig beladen werden können, und daraus die stündliche Leistung berechnen.

Nimmt man an, daß an jedem Wagen, wie dies üblich ist, zwei Mann laden, und daß bei den schwereren Bodenklassen 3 und 4 noch ein bis zwei weitere Arbeiter zum Lösen des Bodens angesetzt werden, so ergeben sich auf Grund der Zahlenwerte für „Lösen und Laden“ (S. 47) bei den verschiedenen Bodenklassen folgende Stundenleistungen, wobei die kleinen Pausen im Laden, die während des Rangierens der Züge entstehen, berücksichtigt sein dürften. Falls die Hilfskräfte bei den Bodenklassen 3 und 4 nicht verwandt werden, verringern sich die Leistungen auf die in Klammern beigefügten Zahlenwerte.

Bodenmengen, die in einen Wagen geladen werden können:

```
1. Leichter Boden . . . . . . .   2,00 cbm/Std.
2. Mittelschwerer Boden . . . .   1,25    ,,
3. Schwerer Boden . . . . . . .   1,10    ,,
       ,,        ,,   . . . . . . .  (0,75)   ,,
4. Sehr schwerer Boden . . . .    0,80    ,,
       ,,        ,,     ,,    . . . .  (0,50)   ,,
```

Die Längen der verschiedenen Wagen betragen (ohne Bremsstand) durchschnittlich:

```
Muldenkipper mit 1 cbm Inhalt = rund 2,05 m
      ,,        ,,  2   ,,     ,,   =   ,,  2,80 ,,
Kastenkipper   ,,  2   ,,     ,,   =   ,,  2,95 ,,
      ,,        ,,  3   ,,     ,,   =   ,,  3,20 ,,
      ,,        ,,  4   ,,     ,,   =   ,,  3,40 ,,
```

Als größte Zuglängen wählt man (s. S. 43) ca. 15 Wagen bei 600 mm Spurweite und 25 Wagen bei 900 mm Spurweite.

Die durchschnittlichen Längen von Lokomotiven schließlich sind:

```
Stärke 30—60 PS = rund 4,60—5,40 m
   ,,   80—200 ,,  =   ,,  5,60—6,80 ,,
```

2. Bedarf an Baugeräten.

An Baugeräten werden bei Lokomotivbetrieben mit Handladung benötigt: Wagen, Lokomotiven, Gleise und Wasserstationen.

a) Wagen und Lokomotiven. Mit Rücksicht auf die Vielseitigkeit der Verhältnisse, unter denen derartige Arbeiten ausgeführt werden können und mit Rücksicht auf den meist erheblichen Anteil der Gerätekosten am Gesamtpreis empfiehlt es sich, den Umfang der benötigten Wagen und Lokomotiven bei diesen Betrieben stets genau zu ermitteln und nicht, wie dies häufig geschieht, zu schätzen oder nach Formeln zu berechnen, da man auf solche Weise nur selten richtige Werte erhalten wird.

Maßgebend für die erforderliche Anzahl und Größe der Wagen sowie Anzahl und Stärke der Maschinen ist einerseits die programmgemäß stündlich zu bewegende Bodenmenge, und zwar die während des Vollbetriebes zu leistende Masse, und andererseits diejenige Erdmenge, die in 1 Stunde auf die Länge eines Wagens geladen werden kann, ferner die sich hieraus ergebende Länge der Züge und schließlich deren Umlaufszeit. Zur Ermittlung der für die Berechnung des Gerätebedarfes erforderlichen Zahlenwerte mögen außer den oben bereits gemachten Angaben noch die folgenden Ausführungen dienen:

Je nach der Größe der Fördergefäße unterscheidet man 1-, 2-, 3- und 4-cbm-Wagen. Diese Zahlen geben den Fassungsraum der betreffenden Wagen an, und zwar bis zum oberen Rande gemessen. Meist werden die Wagen aber gehäuft voll geladen, d. h. um etwa 5—10% über das nominelle Maß hinaus. Berücksichtigt man diesen Umstand sowie die auf S. 27 angegebenen Auflockerungsmaße der verschiedenen Bodenarten, so ergeben sich folgende Mengen gewachsenen Bodens, die ein Wagen aufzunehmen vermag, vorausgesetzt natürlich, daß die Verhältnisse ein Volladen der Wagen auch wirklich zulassen:

Wageninhalt	Fassungsraum	Boden mit Auflockerung von			
		10 %	20 %	30 %	40 %
cbm	cbm	cbm	cbm	cbm	cbm
1,00	1,10	1,00	0,90	0,85	0,80
2,00	2,10	1,90	1,75	1,60	1,50
3,00	3,15	2,90	2,60	2,40	2,25
4,00	4,20	3,80	3,50	3,20	3,00

Bemerkt sei noch, daß bei den 2—4 cbm fassenden hölzernen Kastenwagen auch sogenannte Aufsatzbretter zur Verwendung gelangen (allerdings nur bei Baggerbetrieben), die es ermöglichen, den Wagen um etwa 5% mehr zu beladen.

Die Zeiten, die notwendig sind, um den Boden zu laden, zu transportieren und zu kippen, und die zusammen die Umlaufszeit des Wagens ergeben, lassen sich nach folgendem berechnen:

Das Laden des Bodens von Hand erfordert nach dem oben Gesagten (S. 40) für

1. leichten Boden . . . . 0,50 Std./cbm
2. mittelschweren Boden . . . . 0,80 „
3. schweren Boden . . . . 0,90 „
    „   „ . . . . (1,30) „
4. sehr schweren Boden . . . . 1,20 „
    „   „   „ . . . . (2,00) „

Diese Zahlen mit vorstehenden Wageninhalten multipliziert ergeben die Zeiten, die zum Beladen eines Wagens oder eines Zuges erforderlich sind, wobei wie früher angenommen wird, daß die vier verschiedenen Bodenarten mit den vier Auflockerungsmaßen in gleicher Reihenfolge übereinstimmen.

Die Zeiten für das Transportieren und für das Kippen sind abhängig von der Entfernung zwischen Entnahme- und Kippstelle sowie von den örtlichen Verhältnissen. Die durchschnittliche Fahrgeschwindigkeit eines Bauzuges (Mittel aus der Hin- und Rückfahrt) beträgt:

$$\text{bei 600 mm Spurweite ca. 160 m/Min.} = 10 \text{ km/Std.}$$
$$\text{„ 900 „ „ „ 200 „ } = 12 \text{ „}$$

Hieraus und aus der Entfernung zwischen den Mitten des Schachtes und der Kippe findet man die Fahrzeit, wobei die Distanz natürlich doppelt zu rechnen ist. Steigungen der Transportbahn brauchen, sofern genügend starke Maschinen zur Verwendung gelangen, hierbei nicht berücksichtigt zu werden, da in diesem Falle nur eine unbedeutende Verringerung der Fahrgeschwindigkeit in den Steigungen eintreten wird, die durch die raschere Bewegung auf der Rückfahrt, d. h. im Gefälle, wieder ausgeglichen werden dürfte.

An Aufenthalten sind zu rechnen:

an der Entnahmestelle und an der Kippe durch Rangieren des Zuges	je ca. 5	Min.
an jeder Kreuzung durch Warten auf den Gegenzug . .	ca. 5	„
für Aufnehmen von Wasser und Kohle, falls diese Arbeiten nicht während einer andern Wartezeit erfolgen können	ca. 10—15	„
auf der Kippe bei leicht kippbarem Boden und günstiger Kippe für einen Wagen	ca. 1	„
bei schwer kippbarem Boden und ungünstiger Kippe für einen Wagen	$1^1/_2$—2	„
also z. B. bei Zügen von 20 Wagen und 2 Kippkolonnen	10 bzw. 15—20	„

Die durch Störungen auf der Strecke ab und zu entstehenden kleineren Zeitverluste kann man als in den 5 Minuten Wartezeit an den Kreuzungen eingeschlossen betrachten. Der Einfluß größerer Störungen auf die Kosten muß durch den Risikozuschlag berücksichtigt werden.

Die erforderliche Stärke einer Lokomotive wird bestimmt durch das Gewicht eines Wagens, die Länge der Züge sowie die Steigungs- und Krümmungsverhältnisse auf der Strecke.

Das Gewicht eines Wagens beträgt in leerem Zustande durchschnittlich:

Wagenart	ohne Bremse	mit Bremse
	t	t
Muldenkipper mit 1 cbm Inhalt	0,65	0,75
„ „ 2 „ „	1,50	1,65
Kastenkipper „ 2 „ „	1,30	1,45
„ „ 3 „ „	1,90	2,10
„ „ 4 „ „	2,50	2,75

Das Gewicht des Wageninhaltes findet man am einfachsten durch Multiplikation der Menge gewachsenen Bodens mit dem spezifischen Gewicht der betreffenden Bodenart. Jener Wert kann aus obiger Tabelle entnommen werden, für diesen kann man setzen bei

1. leichtem Boden . . . . 1,4—1,6 t/cbm
2. mittelschwerem Boden . . . . . 1,6—1,7 „
3. schwerem Boden . . . . 1,7—1,8 „
4. sehr schwerem Boden . . . . . 1,8—2,0 „

Die Länge der Züge ergibt sich aus der stündlich zu fördernden Bodenmenge, wobei aber zu beachten ist, daß die Zahl der Wagen in einem Zuge mit Rücksicht auf das Entgleisen nicht höher angenommen werden sollte als:

15 Wagen bei 600 mm Spur,
25 „ „ 900 „ „

Die Last, die eine Lokomotive fortzubewegen vermag, ist abhängig von ihrer Zugkraft und dem Reibungswiderstand zwischen Wagen und Gleis. Aus einer größeren Anzahl von Dampflokomotiven verschiedener Fabrikate ergaben sich folgende Mittelwerte für die Bruttolast, die eine Lokomotive auf der Geraden zu befördern imstande ist (ausschließlich ihres Eigengewichtes). Die Spurweite spielt hierbei keine wesentliche Rolle, wohl aber die Güte des Gleises, die begreiflicherweise einen großen Einfluß auf die Größe der Last hat. Die nachstehenden Zahlen gelten durchwegs für sehr gut verlegtes Rollbahngleis und müssen bei weniger gut liegendem Gleis nicht unwesentlich verringert werden, was besonders für die Werte auf der Horizontalen gilt, die allerdings in den seltensten Fällen zur Anwendung gelangen dürften.

Eine Dampflokomotive vermag zu ziehen:

Lokomotiv-stärke	Zugkraft	Bei einer Steigung von				
		0 ⁰/₀₀	5 ⁰/₀₀	10 ⁰/₀₀	20 ⁰/₀₀	30 ⁰/₀₀
PS	kg	t	t	t	t	t
30	800	150	70	45	25	15
40	1100	200	100	65	35	20
50	1300	250	120	80	45	25
60	1700	330	165	105	55	30
80	2100	390	190	120	65	35
100	2600	480	235	150	85	50
125	3200	600	300	190	105	70
160	3700	680	340	225	125	80
200	4100	750	380	250	140	90
Verhältniszahlen i. M.:		1	$^1/_2$	$^1/_3$	$^1/_{5,5}$	$^1/_9$

Als Beispiel von Motorlokomotiven, d. h. mit Verbrennungsmotor ausgerüsteten Maschinen, seien in nachstehender Tabelle z. B. verschiedene von der Motorenfabrik Deutz gebaute Type aufgeführt.

Normalleistung des Motors .. PS	10	15	20	30	40	50
Maximalleistung . . . PS	11	16,5	22	33	44	55
Leergewicht . . . . . . t	3,8	5,1	6,2	6,8	7,8	11,8
Dienstgewicht . . . . t	4,0	5,25	6,4	7,0	8,0	12,0
Spur (üblich) . . . . . mm	600	600	600	600—750	600—900	600—900
Geschwindigkeit I km/Std.	3,5	3,5	3,5	5,0	5,0	5,0
„ II „	8,0	8,0	8,0	7,5	11,0	10,0
„ III „	—	—	—	14,0	20,0	—
Hakenzugkraft auf gerader, horizontaler Strecke bei						
Geschwindigkeit I . . t	0,70	0,96	1,20	1,33	1,50	2,23
„ II . . t	0,25	0,35	0,47	0,78	0,65	0,95
„ III . . t	—	—	—	0,38	0,30	—

Die Berechnung des Gerätebedarfs geht bei einem Lokomotivbetrieb nun wie folgt vor sich. Man dividiert zunächst die größte stündlich zu fördernde Bodenmenge durch diejenige Bodenmasse, die in 1 Stunde auf eine Wagenlänge geladen werden kann (s. S. 40), und findet dadurch die Anzahl Wagen, die gleichzeitig beladen werden müssen, also die Länge der Züge und, bei großen Erdbetrieben, die Anzahl der Schächte. Sodann berechnet man die Umlaufszeit eines Zuges, wobei zu beachten ist, daß die Transportzeit stets gleich der Beladezeit oder gleich einem Vielfachen dieser Zeit sein muß, damit im Beladen keine Unterbrechungen eintreten. Auf Grund dieser Umlaufszeit findet man die Zahl der Züge sowie die Zahl der Lokomotiven, die bei Handladung um eins geringer ist als die der Züge. Die erforderliche Stärke der Maschinen ergibt sich aus den obigen Daten.

Hat man auf diese Weise den notwendigen Gerätebedarf ermittelt, so fügt man schließlich als Reserve, d. h. als Ersatz für in Reparatur befindliche Baugeräte zu den Wagen je nach Bodenart, örtlichen Verhältnissen und anderem noch etwa 10—20% oder im Durchschnitt 15%, und zu den Lokomotiven je nach Größe der Arbeit 1—3 Stück hinzu.

Zum Rangieren der Züge im Schacht wird unter Umständen außerdem noch eine Lokomotive benötigt.

b) Gleise. Zur Ermittlung der erforderlichen Gleismaterialien trägt man am besten die ganze Gleisanlage mit allen Ausweichstellen, Schacht- und Kippgleisen, sowie den Verbindungsgleisen mit der Geräteentladestelle und den Werkstätten, den Abstellgleisen usw. in einen Lageplan ein und entnimmt diesem dann die gesamte Gleisanlage sowie die Anzahl der Weichen.

Bei Entwurf der Gleisanlage ist zu beachten, daß die Transportbahn keine größere Steigung als etwa $30^0/_{00}$ haben sollte, mit Rücksicht auf die mit der Steigung rasch fallende Leistungsfähigkeit der Maschine (siehe die erste der beiden obigen Tabellen), besser aber nicht mehr als $10^0/_{00}$. Der Krümmungshalbmesser von Kurven sollte bei Lokomotivbetrieben nicht kleiner sein als etwa 40 m bei Gleisen mit 600 mm Spur und 70 m bei solchen mit 900 mm Spur.

Den Materialbedarf für 1 lfd. m Gleis findet man leicht an Hand der in den beiden nachstehenden Tabellen enthaltenen Angaben.

Rahmengleis 600 mm Spur:

Art des Betriebes	Handbetrieb	Lokomotivbetrieb	
		leicht	schwer
Schienengewicht . . . . . . kg/m	9	12—14	12—14
Schienenhöhe . . . . mm	70	80	80
Gleisgewicht . . . . kg/m	**24**	**37**	**50**
Rahmenlänge . . . . m	5	5—7	5—7
Schwellenzahl . . . . Stück	5	5—7	10—14
Weichenlänge . . . . m	5	5—7	5—7
Weichengewicht . . . . t	0,25	0,30—0,45	0,35—0,50

Gleis mit Holzschwellen für Lokomotivbetriebe:

Spurweite.		600 mm		900 mm	
Art des Betriebes.		leicht	schwer	leicht	schwer
Schienen:					
Gewicht	kg/m	12	14	24,5—27,5	33,5
Höhe	mm	80	80	110—115	135
Länge	m	9	9	9—12	9—12
Laschen:					
Art		flach	winkelig	winkelig	winkelig
Gewicht	kg/Paar	3,0	6,5	14,5—18,0	27,5
Schienengewicht, einschließlich					
Laschen[1]	kg/m rund	12,5	15,0	26,0—29,0	36,0
Laschenbolzen:					
Abmessungen	mm	13×55	16×60	20×90	22×105
Stückgewicht	kg	0,11	0,19	0,54	0,77
Gewicht/lfd.m Gleis[2]	kg	0,15	0,25	0,55	0,80
Schienennägel:					
Abmessungen	mm	10×100	10×100	12×120	12×120
Stückgewicht	kg	0,085	0,085	0,15	0,15
Gewicht/lfd.m Gleis[3]	kg	0,55	0,55	1,00	1,00
Schwellen:					
Höhe	cm	12—13	12—13	14—15	14—15
Zopfdurchmesser	cm	14—16	14—16	18—20	18—20
Länge	m	1,20	1,20	1,80	1,80
Anzahl/lfd.m Gleis	Stück	1,33	1,33	1,33	1,33
Weichen:					
Länge	m	5—7	5—7	15	15
Gewicht[4]	t	0,3—0,45	0,35—0,5	2,5	3,0

In vorstehenden Mengen ist sowohl der Mehrbedarf an Schwellen in den Weichen und Kurven, als auch der Verlust an Schienennägeln und Laschenbolzen beim Legen des Gleises berücksichtigt. Muß das Gleis wiederholt aufgenommen und gelegt werden, so sind diese Zahlen noch zu erhöhen, um den in solchen Fällen meist erheblichen Verlusten an Schwellen und Kleineisenzeug Rechnung zu tragen.

c) **Wasserstationen.** Zahl und Größe der Wasserstationen richten sich natürlich ganz nach dem Umfange des Betriebes und der Länge des Transportes. Bei Wahl des Aufstellungsortes dieser Stationen hat man nicht nur auf die möglichst leichte Wasserbeschaffung zu achten, sondern auch auf eine gute Anfuhrmöglichkeit für die Kohlen, da diese, wenn irgend angängig, von den Maschinen gleichzeitig mit dem Wasser gefaßt werden.

---

[1] Es ist eine mittlere Schienenlänge von 8 bzw. 10 m zugrunde gelegt worden.
[2] Angenommen 5 Stück/Stoß und vorstehende Schienenlängen.
[3] Angenommen 6—7 Stück/lfd.m Gleis.
[4] Vollständige Weiche, einschließlich Zwischenschienen.

3. Gerätekosten.

Diese Kosten lassen sich auf Grund nachstehender Angaben berechnen; im übrigen sei auf das in Kapitel 15 Gesagte verwiesen.

a) Tilgung und Verzinsung der Gerätebeschaffungskosten. Von den Gleismaterialien werden nur die Schienen und Laschen als Inventar betrachtet, die Schwellen und das Kleineisenzeug dagegen behandelt man mit Rücksicht auf deren kurze Lebensdauer zweckmäßigerweise als **Verbrauchsstoffe**. Die Kosten, die diese verursachen, findet man aus der Differenz der Beschaffungskosten und dem Erlös bei Abgabe oder Verkauf nach Baubeendigung, wobei man aber Verlust und Wertminderung wohl berücksichtigen muß.

b) Transportkosten. Die der Berechnung der Transportkosten zugrunde zu legenden Gewichte betragen durchschnittlich von

Dampflokomotiven:

Stärke . . . PS	30	40	50	60	80	100	125	160	200
Leergewicht . t	5,7	6,3	7,0	8,5	10,5	13,0	14,2	15,5	17,0

Die Gewichte von **Motorlokomotiven** sind in der Zusammenstellung auf S. 43 enthalten, diejenigen von **Wagen** auf S. 42, und diejenigen von **Gleisen** auf S. 44 und 45.

Kommen Überlandtransporte in Frage, so wird die Beförderung der Baulokomotiven häufig beträchtliche Kosten verursachen, da entweder besondere Gleise gelegt, oder Spezialwagen benutzt werden müssen. Nicht selten sind auch für derartige Transporte noch Straßen zu verbessern oder Brücken zu verstärken.

c) Installationskosten. Hierunter entfällt in der Hauptsache das Legen und Wiederaufnehmen des **Transportgleises**. Diese beiden Arbeiten erfordern zusammen durchschnittlich etwa

bei Gleis mit 600 mm Spurweite 1,2—1,4 Arb.-Std./lfd. m
  „   „   „ 900 „   „   1,5—1,8   „

Hierbei ist angenommen, daß vor dem Verlegen des Gleises nur geringe Planierungsarbeiten erforderlich sind, und daß bei längeren Gleisen die Schienen und Schwellen auf besonderen Zügen mit Lokomotiven nach der Gleisspitze befördert werden. Die Mehrkosten für das Legen von Weichen (die als doppeltes Gleis zu rechnen sind) sowie die Kosten für Aufsicht dürften in obigen Werten eingeschlossen sein, ebenso ein eventuelles Abschneiden und Neubohren einzelner Schienen. Wird das Gleis bereits in fertigen Stößen zusammengesetzt auf Materialzügen herangebracht und mittels Kränen verlegt, so verringern sich die Kosten natürlich wesentlich.

Muß das Gleis auf weichem Boden verlegt werden, so sind mit Rücksicht auf die erforderlichen Unterfangungen an solchen Stellen die Gleislegekosten je nach den Verhältnissen zu verdoppeln oder zu verdreifachen, wobei dann aber auch ein normaler Verlust an Unterfangungsmaterial berücksichtigt sein dürfte.

Bedingen die örtlichen Verhältnisse ein wiederholtes Aufnehmen und Neulegen einzelner Gleisstrecken, z. B. auf der Kippe, so ist für die betreffende Strecke jedesmal ungefähr obiger Arbeitsaufwand zu rechnen. Das einfache Rücken von Gleisen an der Entnahme- und der Kippstelle dagegen fällt nicht hierunter, da diese Arbeit von den Schacht- bzw. Kippkolonnen ausgeführt wird.

Sind zur Herrichtung des Gleisplanums besondere Erdarbeiten von einigem Umfange erforderlich, so sind diese besonders zu veranschlagen. Auch etwa notwendig werdende Transportstege, Überbrückungen und Schüttgerüste sind besonders zu kalkulieren, wobei die in Kapitel 11 für starke Transportgerüste usw. gemachten Angaben zu verwenden sind. Bei Schüttgerüsten, die von den Lokomotiven nicht befahren werden, gelten die daselbst für leichte Gerüste angeführten Zahlenwerte.

Die außer dem Gleislegen noch entstehenden Installationskosten sind verhältnismäßig gering. Es kostet das Herrichten und nach Baubeendigung für den Abtransport Vorbereiten von

```
Dampflokomotiven  . . . .  40—50 Arb.-Std./Stück
Motorlokomotiven . . . . .  20—30        „
Wagen . . . . . . . . . . .   5—10        „
```

Die Kosten des Aufstellens und Wiederabbrechens einer Wasserstation sind je nach den Verhältnissen verschieden, lassen sich aber meist mit genügender Genauigkeit schätzen.

d) Reparaturkosten. Bei Festsetzung dieser Kosten ist zu berücksichtigen, daß beim Arbeiten in Sandboden die Abnutzung der Fahrzeuge, besonders der Lager, wesentlich größer ist als bei anderen Bodenarten, und daß somit auch größere Reparaturkosten entstehen werden. Bei Lokomotiven ist ferner auf die Qualität des Speisewassers zu achten, die gleichfalls von Einfluß auf den Umfang der entstehenden Reparaturen ist.

Auf die Höhe der Reparaturkosten von Wagen hat natürlich die Art des zu transportierenden Bodens einen wesentlichen Einfluß. Schwerer Boden, vor allem Steine und Trümmergestein beanspruchen die Wagen in hohem Maße. Die in der Tabelle auf S. 137 angeführten Werte, die für mittlere Verhältnisse gelten, sind bei Förderung von solchen Bodenarten daher stets noch zu erhöhen.

Die Kosten der eigentlichen Bodenbewegung lassen sich auf Grund nachstehender Angaben berechnen:

4. Lösen und Laden des Bodens.

Bei Verwendung von Muldenkippern mit 1 cbm Inhalt kann man für diese Arbeit noch die bei den Muldenkipperbetrieben angeführten Werte der Berechnung zugrunde legen. Muß der Boden jedoch in höher gebaute Wagen geladen werden, so werden sich die Kosten etwas erhöhen, und zwar kann man dann mit folgenden Zahlen rechnen:

```
1. Leichter Boden  . . . . .  0,8—1,2, i.M. 1,0 Arb.-Std./cbm
2. Mittelschwerer Boden . . .  1,2—2,0,  „  1,6        „
3. Schwerer Boden . . . . .  2,0—3,2,  „  2,6        „
4. Sehr schwerer Boden . . .  3,2—4,8,  „  4,0        „
```

Diese Zahlenwerte gelten für das Laden des Bodens von Gleishöhe aus. Kann der Boden von oben herunter in die Wagen geworfen werden, so verringern sich die Kosten etwas, wenn er dagegen aus größerer Tiefe herauf geladen werden muß (jedoch immer noch mit einem Wurf bis in den Wagen), so stellen sie sich je nach Bodenart und Wurfhöhe ungefähr um 0,1—0,5 Arb.-Std. höher.

5. Transportieren des Bodens.

Die Kosten des Transportierens findet man bei Lokomotivbetrieben am einfachsten dadurch, daß man die Summe sämtlicher während einer Betriebsstunde aus dieser Teilarbeit entstehenden Kosten durch die Leistung in der gleichen Zeit dividiert. Hierbei ist natürlich nicht, wie bei Ermittlung des Gerätebedarfs, die maximale Leistung zu nehmen, sondern die während der ganzen Betriebszeit voraussichtlich entstehende durchschnittliche Stundenleistung.

Die Betriebskosten setzen sich, wie üblich, aus den Löhnen und den Kosten für Verbrauchsmaterialien zusammen.

a) Löhne sind zu rechnen bei Dampflokomotiven pro Zug für

1 Maschinisten,

1 Heizer und

1 (selten 2) Bremser.

Bei Motorlokomotiven fällt der Heizer weg. Die Löhne für Maschinisten und Heizer muß man, um deren Mehrarbeit außerhalb der eigentlichen Betriebszeit Rechnung zu tragen, wie bei der Bedienungsmannschaft von Antriebsmaschinen bei achtstündigem Betrieb um etwa $^1/_4$ erhöhen (s. S. 22). Ferner berücksichtigt man an dieser Stelle zweckmäßigerweise auch gleich die Kosten für die übrigen mit dem Transport des Bodens in Zusammenhang stehenden Arbeitsleistungen, nämlich diejenigen der

Weichensteller, jedoch nur bei größeren Erdbetrieben erforderlich und auch dann nur an den Weichen im Schacht und auf der Kippe,

Wächter an Kreuzungen des Transportgleises mit Straßen und anderen Gleisanlagen,

Bedienungsmannschaft der Wasserstationen: bei Handpumpen für jede Station 1—2 Arbeiter, bei maschinell betriebenen Pumpen je 1 Maschinist und meist noch 1 Arbeiter,

Wagenschmierer: 1 Mann,

Gleisstopfkolonne, die, aus 1 Vorarbeiter und etwa 8 Mann bestehend, je nach der Güte, d. h. Festigkeit des Gleisplanums etwa 3—10 km Gleis unterhalten kann, so daß also auf 1 km Gleis 1—3 Arbeiter entfallen,

Arbeiter, die mit dem Trocknen und Sieben von Streusand für die Transportgleise bei naßem Wetter und bei Beförderung von schmierigem Boden beschäftigt sind, im ungünstigsten Falle 1—2 Mann.

b) Die Brennstoffkosten werden wie bei Antriebsmaschinen am besten auf Grund des Verbrauchs für eine PS-Std. berechnet, und zwar sowohl bei Dampf- als auch bei Öllokomotiven. Dieser Verbrauch schwankt aber innerhalb sehr weiter Grenzen, da er ganz von der Art des Betriebes, der Transportweite, der Sorgfalt der Bedienung und anderem mehr abhängig ist. Bei den Dampflokomotiven spielt vor allem auch die Dauer der Betriebspausen, in denen die Maschine stillsteht, der Dampf aber gehalten werden muß, eine große Rolle.

Da die Maschinen nur beim Anziehen und auf den größten Steigungen voll ausgenutzt werden, während der übrigen Fahrzeit aber nur teilweise belastet sind, bleibt der durchschnittliche Verbrauch pro PS-Std. natürlich wesentlich hinter dem der Normalleistung entsprechenden zurück. Da andererseits der Verbrauch für die ausgeübte PS-Std. bei nur teilweiser Belastung aber sowohl bei Dampfmaschinen als auch bei Verbrennungsmotoren höher ist als bei Vollbelastung, wird diese Ersparnis allerdings zum Teil wieder aufgehoben.

Unter Berücksichtigung dieser Umstände kann man annehmen, daß im allgemeinen bei normalem Betrieb der Verbrauch von Dampflokomotiven etwa $^1/_4$—$^1/_3$, bei Motorlokomotiven etwa $^2/_3$ des Verbrauchs beträgt, der bei Vollbelastung entstehen würde. Für diesen kann man bei Dampflokomotiven durchschnittlich etwa 1,8 kg/PS-Std. setzen und für Motorlokomotiven die auf S. 24 für Antriebsmotoren genannten Werte, d. h. bei Benzolfeuerung 0,30—0,35 kg/PS-Std., bei Rohölfeuerung 0,20—0,25 kg/PS-Std.

Legt man diese Zahlen zugrunde, so ergeben sich für die verschiedenen Maschinen nachstehende ungefähre Durchschnittswerte des Brennstoffverbrauchs bei normalem Betrieb, wobei bei Dampflokomotiven der Kohlenverbrauch für das Anheizen berücksichtigt sein dürfte. Bei einem Betrieb mit vielen Pausen wird der Verbrauch geringer sein, besonders natürlich bei den Motorlokomotiven, die während der Pausen keinen Verbrauch haben, bei einem angestrengten Betrieb dagegen, besonders wenn die Lokomotive im Schacht und auf der Kippe viel Rangierarbeit zu leisten hat, kann er dagegen die folgenden Zahlenwerte auch noch übersteigen.

Dampflokomotiven:

Normalleistung der Lokomotive PS	30	40	50	60	80	100	125	160	200
Kohlenverbrauch . . kg/Std.	20	25	30	35	43	50	57	65	75

Motorlokomotiven:

Normalleistung des Motors . . . . PS	10	15	20	30	40	50
Benzin- oder Benzolverbrauch . . kg/Std.	2,5	3,5	4,5	6,5	8,5	10,5
Rohölverbrauch . . . . „	1,8	2,5	3,2	4,5	6,0	7,5

Auch die **Kosten der Schmier- und Putzmaterialien** sind sehr verschieden, je nach der Art des Betriebes und vor allem auch der Sorgfalt der Bedienung. Man berücksichtigt sie am besten durch einen Prozentsatz der Brennstoffkosten, und zwar wird man dem Durchschnitt ziemlich nahe kommen, wenn man setzt:

Kosten der Schmier- und Putzmaterialien für Lokomotiven und Wagen

bei Dampflokomotiven . . . . 20 % der Kohlenkosten
„ Motorlokomotiven. . . . . 10 % „ Benzolkosten
bzw. 30 % „ Rohölkosten

Werden die Wasserstationen maschinell betrieben, z. B. durch Lokomobilen, so sind natürlich auch die hierfür erforderlichen Verbrauchsmaterialien zu berücksichtigen, wobei das in Kapitel 5 Gesagte zugrunde gelegt werden kann.

6. Kippen des Bodens.

Die durch das Kippen und die übrigen hiermit im Zusammenhang stehenden Arbeiten erwachsenden Kosten lassen sich auf zwei verschiedene Arten berechnen. Entweder legt man der Berechnung wie beim Lösen und Laden des Bodens den in Stunden ausgedrückten Arbeitsaufwand für 1 cbm Boden zugrunde, oder man ermittelt die stündlichen Kosten der ganzen Kippmannschaft und dividiert diesen Betrag durch die stündliche Leistung. In jenem Falle kann man, gleiche Verhältnisse vorausgesetzt, für alle Wagengrößen angenähert dieselben Werte benutzen, da mit zunehmender Größe der Transportgeräte auch der Umfang der Kippmannschaft wächst. Diese besteht bei kleinen Wagen je nach der Art des Bodens und der Kippe aus mindestens 5 bis 8 Mann, bei großen Wagen aus mindestens 10—15 Mann zuzüglich Aufseher. Diese Kippmanschaften genügen jedoch nur, solange es sich um verhältnismäßig kleine Bodenmassen handelt, im allgemeinen werden sie verdoppelt. Zu beachten ist, daß es bei flachen Kippen sowie bei schlecht kippbarem, klebrigem Boden häufig vorkommt, daß ein Teil des Bodens von Hand aus dem Wagen geschaufelt werden muß, was die Kosten natürlich wesentlich erhöht.

Bei der ersten Art der Berechnung der Kippkosten kann man folgende Werte für das Kippen von Boden annehmen:

1. Leicht kippbarer Boden (trockener Sand
   und Kies, Dammerde usw.) . . . . . 0,15—0,25, i.M. 0,20 Arb.-Std./cbm
2. Mittelschwer kippbarer Boden (nasser
   Sand und Kies, Trümmergestein, Mergel,
   trockener Lehm) . . . . 0,25—0,35, „ 0,30 „
3. Schwer kippbarer Boden (nasser Lehm
   und Ton). . . . . 0,35—0,50, „ 0,40 „

In diesen Zahlen ist nicht nur der Arbeitsaufwand für das Kippen enthalten, sondern auch für alle Nebenarbeiten, wie Gleisrücken und -heben, Gleisreinigen usw., dagegen nicht für das Ausbreiten und eventuelle Stampfen des Bodens, Arbeiten, die zweckmäßigerweise stets für sich veranschlagt werden (s. Abschnitt J, S. 71).

Die Grenzwerte dieser Zusammenstellung gelten für sehr hohe Kippen mit geringer Gleisrück- und Gleishebearbeit, bzw. für ganz flache, mit viel Gleisarbeit verbundene Kippen. Bei schwierigen Kippen, d. h. wenn es sich um rutschenden Boden handelt, oder um das Aufhöhen von Dämmen, das Anschütten von Rampen, Hinterfüllen von Bauwerken u. dgl., werden obige Werte natürlich nicht mehr ausreichen und müssen unter Umständen wesentlich erhöht werden.

Neuerdings geht das Bestreben dahin, durch die Verwendung von automatisch entleerenden Wagen die Entladekosten zu verringern und gleichzeitig auch die Kippzeit abzukürzen. Es bestehen bereits verschiedene Konstruktionen derartiger Selbstkipper, bei denen die Handarbeit mehr oder weniger ausgeschaltet wird.

Diese Mechanisierung des Kippens ist allerdings in erster Linie für die großen Baggerbetriebe von Bedeutung, bei denen bereits auch das Lösen und Laden des Bodens maschinell erfolgt. Aus diesem Grunde sind es auch hauptsächlich die großen 4-cbm-Wagen, die als Selbstkipper gebaut werden.

Die eigentliche Kippkolonne besteht bei der Verwendung von Selbstkippern nur noch aus wenigen Leuten, bei ganz automatisch arbeitenden Wagen nur noch aus 2—3 Mann. Es ist jedoch zu berücksichtigen, daß für das Rücken und Heben des Kippgleises, sowie für das Wegschaffen des gekippten Bodens vom Gleis immer noch eine gewisse Anzahl von Arbeitern erforderlich ist. Die letztgenannte Arbeit wird heute allerdings auch schon häufig auf mechanischem Wege bewirkt, und zwar durch Planierpflüge, die am Ende des Zuges angehängt werden und die beim Wegziehen nach dessen Entleerung das Gleis sofort wieder reinigen. Mit dieser Kombination von Selbstkippern und Planierpflug gelingt es, die Kippkosten auf ein Minimum herunterzudrücken.

Bei einem solchen größtenteils mechanischen Kippbetriebe empfiehlt es sich, die Kosten nach der zweiten Berechnungsweise zu ermitteln, d. h. aus den Kosten der Kippmannschaft und der Leistung. Umfang und Zusammensetzung der Kippmannschaft werden hierbei natürlich verschieden sein, je nach der Konstruktion der selbsttätigen Kippwagen, der Art des Bodens und der Art der Kippe. Allgemeingültige Zahlenwerte lassen sich infolgedessen für diese Arbeit nicht anführen.

7. Aufsicht.

Zur Beaufsichtigung der Arbeiten sind im Schacht ein Schachtmeister und auf der Kippe ein Kippmeister erforderlich. Nimmt man die beiden Arbeiterkolonnen ungefähr mit 30—40 bzw. 10—30 Mann stark an, so erhält man die Aufsichtskosten dadurch, daß man die Löhne für Lösen und Laden um etwa 4%, diejenigen für Kippen um 12—4% erhöht.

F. Baggerbetriebe.

Das Lösen und Laden vom Boden mittels Baggern wird dem Handschacht je länger je mehr vorgezogen, und zwar einmal der Kostenverringerung, sodann aber auch der Zeitersparnis wegen. Wenn auch bei kleineren Erdmassen der erste Vorzug der hohen Gerätekosten wegen häufig verschwindet, so bleibt der zweite doch meist bestehen, was im Zusammenhang mit der größeren Unabhängigkeit von Menschenkräften dem maschinellen Betrieb immer wieder den Vorrang vor dem Handbetrieb verschafft.

Im vorliegenden Kapitel sollen die Trockenbaggerbetriebe, d. h. die Arbeiten unter Verwendung von Eimer- und Löffelbaggern besprochen werden; auf die Arbeiten mittels Greifbaggern wird im nächsten Abschnitt näher eingegangen werden.

Bis auf das Lösen und Laden des Bodens entsprechen Trockenbaggerbetriebe genau den Lokomotivbetrieben, so daß also, wie bereits früher erwähnt, die im vorhergehenden Abschnitt enthaltenen Ausführungen auch bei Veranschlagung von Baggerarbeiten verwandt werden können. Ergänzend hierzu seien noch folgende Angaben gemacht.

1. Bauprogramm.

Bei Festsetzung der für die eigentliche Erdbewegung zur Verfügung stehenden Zeit ist außer der vorbereitenden Arbeit des Gleislegens (s. S. 39) auch das Aufstellen des Baggers zu berücksichtigen. Besonders bei den großen Eimerbaggern erfordert diese Arbeit einen nicht unbedeutenden Zeitaufwand. Im Durchschnitt kann man für das Aufstellen rechnen:

bei Eimerbaggern mit einem Eimerinhalt bis 150 l . . 10—18 Tage
      ,,   ,,   ,,   ,,   200—400 l . . 20—30 ,,
,, Löffelbaggern ,,   ,, Löffelinhalt bis 1 cbm . 8—10 ,,
  ,,   ,,   ,,   ,,   über 1 ,, . 12—18 ,,

Natürlich wird man die Bagger, wenn irgend möglich, gleichzeitig mit dem Legen des Gleises aufstellen. Erfordert aber der Transport der Baggerteile zur Montagestelle schon das Legen eines Gleisstranges, so ist die hierfür notwendige Zeit besonders zu rechnen. Kommen ferner Überlandtransporte in Frage oder vorbereitende Erdarbeiten von einigem Umfange, so ist auch dafür ein genügend lang bemessener Zeitraum vorzusehen.

2. Bedarf an Baugeräten.

a) Bagger. Größe, Art und Zahl der zur Verwendung gelangenden Bagger werden bestimmt durch den Gesamtumfang der Arbeit, die täglich zu fördernde Bodenmenge, die örtlichen Verhältnisse u. a. m. Es ist von Fall zu Fall zu entscheiden, ob vorteilhafterweise der Eimer- oder der Löffelbagger verwandt wird und welche Größe gewählt werden soll. Auf diese Fragen soll hier nicht näher eingegangen werden. Hinsichtlich der möglichen Leistung eines Baggers sei auf das nachstehend Gesagte und die Tabellen auf S. 57, 58 und 59 verwiesen.

b) Wagen und Lokomotiven. Größe und Anzahl dieser Geräte haben sich, falls nicht etwa die örtlichen Verhältnisse, besonders die Kippen, andere Anforderungen stellen, ganz nach dem zur Verwendung gelangenden Bagger zu richten. Allgemein kann gesagt werden, daß mit zunehmender Leistungsfähigkeit des Baggers auch die Größe der Wagen und infolgedessen auch die Stärke der Lokomotiven wächst. Bei Löffelbaggern sollen, wenn irgend möglich, Wagen von solcher Größe verwandt werden, daß darin 2—3 Löffelinhalte Platz haben. Wenn die Art der Kippe nicht gerade die Verwendung kleiner Wagen als empfehlenswert erscheinen läßt, wird man bei Löffelbaggerbetrieben die größeren Wagen den kleineren stets vorziehen, da der Löffel über jenen leichter und rascher entleert werden kann. Die vorteilhafterweise zu benutzenden

Wagen sind in den nachstehenden Tabellen aufgeführt; im übrigen siehe das im vorhergehenden Abschnitt unter 2. a) Gesagte (S. 40).

Der Berechnung des Transportgerätebedarfes muß man bei Baggerbetrieben eine Leistung zugrunde legen, die um ca. $^1/_3$ höher ist als die durchschnittliche und bei der Kostenberechnung angenommene, damit jederzeit auch die Spitzenleistungen des Baggers bewältigt werden können.

In noch höherem Maße als bei Erdbetrieben mit Handladung muß bei Baggerbetrieben dafür gesorgt werden, daß im Beladen der Züge keine Unterbrechungen eintreten, daß also die Transportzeit eines Zuges stets gleich der Ladezeit oder einem Vielfachen dieser Zeit ist. Bis zu einem gewissen Grade, d. h. soweit die örtlichen Verhältnisse, die Stärke etwa vorhandener Lokomotiven u. a. m. es zulassen, läßt sich im Gegensatz zur Handladung durch Änderung der Wagenzahl eines Zuges die Ladezeit der Transportzeit anpassen. Im wesentlichen aber muß der Ausgleich durch Änderung der Pausen im Transport erreicht werden.

Hat man aus größter Baggerleistung, Wagengröße und Zuglänge die Beladezeit eines Zuges und auf Grund der Angaben auf S. 42 die Transportzeit gefunden, so ergibt das Verhältnis dieser beiden Zeiten zuzüglich eins die Zahl der erforderlichen Züge, und durch Multiplikation mit der Zuglänge erhält man die Gesamtzahl der notwendigen Wagen.

Da bei den Baggerbetrieben die Züge während des Beladens im allgemeinen am Bagger vorbeigeschoben werden müssen, benötigt man im Schacht entweder eine Rangiermaschine, oder es muß jeder Zug seine eigene Lokomotive besitzen, woraus sich die Zahl der Lokomotiven ergibt. Die Stärke dieser Maschinen findet man auf Grund der Angaben im vorhergehenden Abschnitt (S. 43). Hinsichtlich der Reserve an Wagen und Lokomotiven sei auf das auf S. 44 Gesagte verwiesen.

c) Gleise. Außer dem Transportgleis ist hier noch das für die Bewegung des Baggers erforderliche Baggergleis zu berücksichtigen, sofern nicht Bagger auf Raupenbändern zur Verwendung gelangen. Bei Eimerbaggern besteht dieses Gleis aus zwei bis drei, bei Löffelbaggern aus zwei kräftigen Schienen auf durchgehenden starken Schwellen. Die zweckmäßige Länge des Gleises beträgt bei den in der Tabelle auf S. 57 aufgeführten Eimerbaggern etwa 200—400 m.

Bei Löffelbaggern verwendet man im allgemeinen kurze Gleisstücke, bei denen die Schienen auf dicht nebeneinanderliegenden und von kräftigen eisernen Rahmen zusammengehaltenen Kanthölzern ruhen. Diese ca. 3 m langen Platten werden vom Bagger selber aufgenommen und vorgestreckt. Nur bei Felsarbeiten, bei denen der Bagger während des Sprengens ein Stück zurückgefahren werden muß, legt man längere zusammenhängende Gleise. Während in jenem Falle die aus der Beschaffung der Gleisplatten entstehenden Kosten ihrer geringen Bedeutung wegen bei der Kalkulation vernachlässigt werden können, sind in diesem Falle die Gleise zu veranschlagen. Die Kosten für 1 lfd. m Baggergleis lassen sich auf Grund nachstehender Angaben und dem auf S. 44 für Transportgleise Gesagten berechnen:

```
Schienen: Gewicht . . . . . . . . . . . . . kg/m    45
         Höhe . . . . . . . . . . . . . . . . mm   145
         Länge¹ . . . . . . . . . . . . . . .  m    7,50
Laschen: Art . . . . . . . . . . . . . . . . winkelig
         Gewicht . . . . . . . . . . . . . kg/Paar  29
Schienengewicht, einschl. Laschen . . . rund kg/m  49
Laschenbolzen: Abmessungen . . . . . . . mm  20×115
         Stückgewicht . . . . . . . . . . . . kg    0,80
Nägel: Abmessungen . . . . . . . . . . . . mm  15×150
         Stückgewicht . . . . . . . . . . . . kg    0,27
Schwellen: Höhe . . . . . . . . . . . . . . cm   20—22
         Zopfdurchmesser . . . . . . . . . . cm   28—30
         Länge bei dreischienigem Gleis . . . . . m 5,50—6,00
         „      „   zweischienigem „ . . . . . . m    3,50
         Entfernung . . . . . . . . . . . . . . m 0,6—0,8
```

Bagger auf Raupenbändern erfordern im allgemeinen keinen Unterbau, und besondere Kosten sind also hierfür nicht zu rechnen. Nur wenn der Bagger auf weichem Boden arbeitet, muß man häufig trotz der breiten Raupen Schwellroste unterlegen, um ein Einsinken zu verhüten. Der Verschleiß an Holz ist in solchen Fällen meist bedeutend und darf nicht vernachlässigt werden.

d) Wasserstationen. Bei der Dimensionierung der Wasserstationen muß man hier auf den Mehrbedarf an Wasser für die Bagger Rücksicht nehmen. Im übrigen siehe das für Lokomotivbetriebe mit Handladung Gesagte (S. 45).

3. Gerätekosten.

Zur Berechnung der aus der Verwendung der Baggergeräte entstehenden Kosten möge zunächst das in Kapitel 15, sowie das im vorliegenden Abschnitt Gesagte dienen. Im weiteren sei auf die ergänzenden Angaben im vorhergehenden Abschnitt verwiesen.

Die für die Berechnung der Transportkosten erforderlichen Gewichte von Baggern können, falls keine genauen Daten vorliegen sollten, aus den nachstehenden Tabellen entnommen werden, in denen die Gewichte verschiedener Baggertypen enthalten sind. Wie die Lokomotiven, so erfordern auch die schweren Baggerteile bei Überlandtransporten häufig besondere Vorrichtungen und verursachen dadurch nicht selten wesentliche Kosten, was man bei der Kalkulation wohl beachten muß.

Bei Berechnung der Installationskosten kann man folgende Zahlenwerte annehmen:

```
Legen und Wiederaufnehmen von Baggergleisen
bei Eimerbaggern . . . . . . . . . . . . . . . . . 3 Arb.-Std./lfd. m
    „ Löffelbaggern . . . . . . . . . . . . . . . . . 2        „
Aufstellen und Abbrechen von Baggern . . . . . 35 Std./t    „
```

Auf die Höhe der Reparaturkosten haben natürlich schwerer Boden wie auch das Vorkommen von Hindernissen im Boden, z. B. Steine oder Wurzelwerk, einen ungünstigen Einfluß, was bei Löffel-

---

¹ Die ursprünglich 15 m langen Schienen werden des bequemeren Transportes wegen in zwei Hälften geschnitten.

baggern, die in erster Linie für das Arbeiten in schwerem Boden in Frage kommen, besonders zu berücksichtigen ist.

Die Kosten der eigentlichen Bodenbewegung berechnen sich wie folgt:

4. Lösen und Laden des Bodens.

Diese Kosten ergeben sich, wie bei allen maschinellen Betrieben, am einfachsten dadurch, daß man die stündlichen Betriebskosten durch die stündliche Leistung dividiert, wobei natürlich wieder das Leistungsmittel aus der ganzen Betriebszeit zu nehmen ist und nicht etwa eine reine Stundenleistung.

Betriebskosten wie Leistung hängen in der Hauptsache von der Größe des Baggers, der zu fördernden Bodenart und den örtlichen Verhältnissen ab. Auf die Kosten ist außerdem noch die Art der Betriebskraft von Einfluß. Neben der bisher allgemeinüblichen Dampfmaschine werden heute zum Antrieb der Bagger auch Ölmotoren und Elektromotoren verwandt; die letztgenannten allerdings nur da, wo billiger Strom zur Verfügung steht und die Zuleitung keine besonderen Kosten und Betriebsschwierigkeiten verursacht.

Die Betriebskosten setzen sich zusammen aus den Löhnen der Bedienungsmannschaft des Baggers und den außer dieser Mannschaft am Bagger noch mit Nebenarbeiten beschäftigten Leuten, sowie den Aufwendungen für Betriebsmittel.

Die Lohnsumme des eigentlichen Bedienungspersonals ist, wie bei allen maschinellen Betrieben, auch hier um etwa $^1/_4$ zu erhöhen, um diejenigen Kosten zu erfassen, die durch Arbeiten außerhalb der eigentlichen Betriebszeit entstehen. Die Anzahl der übrigen Leute hängt von den örtlichen Verhältnissen ab und schwankt im allgemeinen innerhalb der in den nachstehenden Tabellen angeführten Zahlen.

In diesen Tabellen sind auch Angaben über den Kohlenverbrauch von Dampfbaggern gemacht. Dieser Verbrauch kann natürlich auch bei ein und demselben Bagger außerordentlich verschieden hoch sein je nach Bodenart, örtlichen Verhältnissen (z. B. Förderhöhe), Sorgfalt der Bedienung u. a. m. Die Zahlen sind Durchschnittswerte, sie gelten für mittlere Verhältnisse und mittelschweren Boden. Die für das tägliche Anheizen der Dampfmaschine erforderliche Kohlenmenge dürfte in diesen Zahlen berücksichtigt sein. Die Kosten der Schmier- und Putzmaterialien gibt man auch hier am besten als Prozentsatz der Kohlenkosten an; hinsichtlich des Verbrauchs der Öl- und Elektrobagger siehe das in Kapitel 5, S. 24, Gesagte.

Die Höhe der Leistung wird von einer ganzen Anzahl von Faktoren beeinflußt, weshalb ihre Voraussage nicht leicht ist. Am sichersten findet man sie an Hand von Erfahrungswerten, die bei anderen Baggerarbeiten ermittelt wurden, wobei jedoch die jeweils vorliegenden besonderen Verhältnisse wohl zu beachten sind. Im wesentlichen wird die Leistung, wie gesagt, durch die Größe des Baggers, die Bodenart und die örtlichen Verhältnisse bestimmt. Außerdem ist bei ihrer Festsetzung aber noch folgendes zu beachten:

Von ungünstigem Einfluß auf die Höhe der Leistung sind u. a. Hindernisse im Boden, nicht ausreichende Kippmöglichkeiten, regelmäßig wiederkehrende Betriebspausen, wie sie beispielsweise eintreten können, wenn die für Transport und Kippen des Bodens erforderliche Zeit etwas größer ist als die Ladezeit.

Ferner beeinflussen die Witterungsverhältnisse die Leistung, vor allem andauernde Niederschläge. Während bei leichtem Boden die Wirtschaftlichkeit hierunter allerdings nur wenig leidet, ist dies bei Baggerungen in schweren Bodenarten, wie z. B. Mergel, in erheblichem Maße der Fall, und zwar sowohl bei Eimer- als auch bei Löffelbaggern. Muß die Baggerarbeit zum größten Teil während der ungünstigen Wintermonate ausgeführt werden, so wird die durchschnittliche Leistung gleichfalls hinter der normalen zurückbleiben.

Auch bei durchgehendem Tag- und Nachtbetrieb ist die Leistung etwas zu ermäßigen, da Nachtarbeit stets ungünstig auf die Wirtschaftlichkeit des Betriebes einwirkt, vor allem bei schwerem Boden und bei langen Transporten. Diese haben ohnedies einen nachteiligen Einfluß auf die Leistung, da die Unterbrechungen infolge von Abtransportstockungen mit der Länge des Transportweges natürlich wachsen.

Schließlich ist bei Festsetzung der durchschnittlichen Leistung stets auch auf die bereits früher erwähnte Betriebseinschränkung und infolgedessen Leistungsverringerung zu Beginn und am Ende der Arbeit Rücksicht zu nehmen, besonders bei Arbeiten von kürzerer Dauer, bei denen diese Verringerung wesentlich ins Gewicht fallen kann.

Wie man sieht, hängt die Leistung eines Baggers in hohem Maße von der Anzahl und der Dauer der Unterbrechungen im Betriebe ab, weshalb auf eine möglichst richtige Einschätzung dieser Unterbrechungen immer besonders Wert gelegt werden muß.

In den nachstehenden Tabellen sind für die älteren Baggertypen und die verschiedenen Bodenarten Leistungen angeführt. Diese Werte sind als Durchschnittsleistungen zu betrachten, die bei normalem, flottgehendem Betrieb mit normalen Unterbrechungen erreicht werden können. Als allgemeingültig dürfen sie natürlich nicht angesehen werden, doch können sie als Anhalt bei Festsetzung der voraussichtlich erreichbaren Leistung dienen.

Die Leistung eines Baggers läßt sich aber auch rechnerisch ermitteln, und zwar in der Weise, daß man die Zahl der stündlichen Eimerentleerungen des Eimerbaggers oder der stündlichen Spiele des Löffelbaggers mit dem Inhalt eines Eimers bzw. des Löffels, sowie dem Füllungsgrad von Eimer bzw. Löffel multipliziert. Hierbei ist jedoch zu beachten, daß sowohl Anzahl Eimer und Spiele als auch Füllungsgrad innerhalb sehr weiter Grenzen schwanken können und immer mehr oder weniger geschätzt werden müssen. Besonders die in der Stunde voraussichtlich erreichbare Zahl der Eimer- oder Löffelinhalte hängt ganz von den jeweiligen Verhältnissen ab. Eine genaue Bestimmung der voraussichtlichen Leistung läßt sich daher auch rechnerisch nicht erreichen, weshalb man bei der Kostenberechnung immer in erster Linie die bei früheren Arbeiten gesammelten Erfahrungen hinsichtlich der Leistung von Baggern heranziehen sollte. Trotzdem empfiehlt es sich stets, die auf diese Weise ermittelte wahrscheinliche Leistung auch noch durch die Rechnung auf ihre Richtigkeit hin zu prüfen.

Zu den beiden eingangs erwähnten Baggerarten ist im einzelnen noch folgendes zu sagen:

a) Eimerbagger. Zur Bedienung eines Eimerbaggers sind erforderlich (s. nachstehende Tabellen): **Baggermeister, Maschinist, Klappenschläger** und **Heizer oder Schmierer.** Bei den durch Elektromotoren oder Dieselmotoren angetriebenen Baggern fällt der Maschinist weg, und bei ganz kleinen Baggern kann auch noch der Heizer oder Schmierer gespart werden.

Außer dem eigentlichen Bedienungspersonal sind am Bagger noch ein Aufseher und etwa 10—35 Arbeiter mit Nebenarbeiten beschäftigt, wie Gleisrücken, Aufladen des neben die Wagen fallenden Bodens, Heranschaffen von Kohle und Wasser und unter Umständen Heranwerfen kleinerer Bodenmengen an die Eimerleiter des Baggers. Die Größe dieser Arbeiterkolonne richtet sich in erster Linie nach der Größe des Baggers, sodann aber auch nach der Bodenart und den örtlichen Verhältnissen.

Mit Eimerbaggern ist es im Gegensatz zu Löffelbaggern möglich, nicht nur nassen Boden auszuheben, sondern auch aus dem Wasser zu baggern, wobei aber die Leistung gegenüber dem Baggern aus dem Trockenen natürlich zu ermäßigen ist.

In den nachstehenden zwei Tabellen sind beispielsweise verschiedene Daten der von der Lübecker Maschinenbau-Gesellschaft,

Eimerbagger (Einfachschütter):

Type	B	E III	E II	E II	NE I	NE I
Eimerinhalt l	250	180	250	300	300	400
Konstruktionsgewicht:						
Dampfbagger . . . . t	110	90	120	118	215	230
Elektrobagger . . . . t	98	80	100	100	180	190
Arbeitsgewicht, einschließlich						
Ballast und Dampfanlage . . . t	135	113	162	160	282	294
„ „ elektr. Ausrüstung t	128	102	150	150	255	260
Baggerfahrbahn . . . . gleisig	3	3	3	3	3	3
Vorteilhafteste Wagengröße . cbm	4	3	4	4	4	4
Bedienungspersonal:						
Dampfbagger	4	4	4	4	4	4
Elektrobagger	3	3	3	3	3	3
Für Nebenarbeiten . . . Aufseher	1	1	1	1	1	1
„ „ . . . Arbeiter	20—30	20—30	20—30	25—35	25—35	25—35
Kohlenverbrauch . . . . . kg/Std.	200	180	240	240	370	450
Schmier- und Putzmaterialkosten .	i. M. 10 % der Kohlenkosten					
Baggertiefe bei 45° Böschung . m	15	14	16	14	20	18
Abtraghöhe „ 45° „ . m	10	12	13	12	14	14
Stromverbrauch . . i. M. kW/Std.	115	80	125	125	185	220
Theoretische Leistung . cbm/Std.	300	270	375	450	450	600
Praktische Leistungen						
in leichtem Boden . . „	175	—	—	—	—	—
„ mittelschw. Boden . „	140	—	—	—	—	—
„ schwerem Boden . „	90	—	—	—	—	—

Lübeck, für Bauzwecke konstruierten Eimerbagger enthalten. Die in der zweiten Tabelle aufgeführten Raupenkettenbagger werden fast durchweg mit Elektro- oder Dieselmotoren ausgerüstet, Dampfantrieb kommt hier nur vereinzelt zur Anwendung.

Außer den praktischen Leistungen für den alten B-Bagger, der heute von der Lübecker Maschinenbau-Gesellschaft nicht mehr gebaut wird, sind für sämtliche Typen auch noch die theoretischen Leistungen angeführt. Diese Leistungen werden in Wirklichkeit natürlich nie erreicht, sie können jedoch dazu dienen, die voraussichtlich erreichbare Leistung unter Benutzung der praktischen Leistung des B-Baggers — wenigstens angenähert — zu berechnen.

Eimerbagger auf Raupen (Raupenkettenbagger) für seitliche Baggerung:

Type	R 0 s	R I s	R II s		R II s verstärkt		R III s	R IV s
Eimerinhalt l	15	25	25	50	25	50	75	100
Arbeitsgewicht ohne Transporteur, aber einschließlich Ballast und Dieselmotor t	18	25	32	32	40	40	57	92
Bedienungspersonal	2	2	2		2		3	3
Leistung d. Dieselmotors PS	18	27	34		45		60	90
Theoret. Leistung . cbm/Std.	27	45	45	90	45	90	135	180
Baggertiefe b. 45⁰ Böschung m	4,5	5,5	7	6,5	8,5	7,5	7,5	8
Abtraghöhe „ 45⁰ „ m	3	4	5,5	5	7	6	6	6
Transporteurlänge . . . . m	4	6	6	6	10	10	12	15
Transporteuranordnung . . .	fest				schwenkbar			

b) Löffelbagger. Beim Löffelbagger besteht das Bedienungspersonal aus Führer, Heizer und Klappenzieher, bei den neueren Raupenbaggern nur noch aus Führer und Heizer. Bei Diesel- und Elektrobaggern fällt der Heizer weg, dagegen wird im allgemeinen noch ein zweiter Mann zum Schmieren der Maschine und für andere Hilfsleistungen benötigt, so daß auch hier mit 2 Mann gerechnet werden muß.

Für Nebenarbeiten, wie Gleisunterhalten und -reinigen, Planum herrichten, Heranbringen von Kohlen und Wasser usw. werden beim Löffelbagger auf Schienen noch etwa 5—8 Arbeiter, beim Raupenbagger etwa 3—6 Mann benötigt. Die Zahl dieser Arbeiter hängt ab von der Größe des Baggers, den örtlichen Verhältnissen und der Art des Bodens. An Aufsicht ist beim Löffelbaggerbetrieb ein Aufseher im Schacht zu rechnen.

Die nachstehende Tabelle enthält eine Reihe von Daten der verschiedenen im Baubetrieb üblichen Löffelbaggertypen, die von der Firma Menck & Hambrock, G. m. b. H., Altona-Hamburg, gebaut werden. Hierbei ist die Type VII mit $3^1/_3$ cbm Löffelinhalt nicht mit aufgeführt, da diese im Baubetrieb nur ausnahmsweise zur Anwendung gelangt. Bemerkt sei noch, daß die Firma Menck & Hambrock die Löffelbagger E und G 20 heute nicht mehr baut.

Löffelbagger:

Type		E	G 20	III	IV	V	VI
Löffelinhalt	cbm	1	2	$^2/_3$	1	$1^1/_2$	$2^1/_4$
Konstruktionsgewicht:							
Dampfbagger	t	27	58	27	44	73	119
Dieselbagger	t	—	—	28	46	76	124
Elektrobagger	t	28	57	—	42	70	114
Arbeitsgewicht:							
Dampfbagger	t	36	88	32	52	86	141
Dieselbagger	t	—	—	33	53	87	143
Elektrobagger	t	37	88	—	53	87	141
Gegengewicht für Dampfbagger	t	4,4	12[1] 19,5[1]	2,6	4	9	15,5
Spurweite	m	2,07	2,60	Raupenband-Fahrwerk			
Vorteilhafteste Wagengröße	cbm	2	4	2	2	3	4
Bedienungspersonal	Mann	3	2—3	2	2	2	2
Für Nebenarbeiten	Aufseher	1	1	1	1	1	1
„ „	Mann	5—7	6—8	3—5	3—5	4—6	4—6
Kohlenverbrauch	kg/Std.	75	125	75	115	150	200
Schmier- und Putzmaterialkosten		i. M. 12 % der Kohlenkosten					
Praktische Leistungen							
in leichtem Boden	cbm/Std.	45	90	—	—	—	—
„ mittelschw. Boden	„	35	70	—	—	—	—
„ schwerem Boden	„	—	50	—	—	—	—
„ sehr schwerem Boden	„	—	30	—	—	—	—

5. Transportieren und Kippen.

Da diese Arbeiten von der Art des Ladens unabhängig sind, kann das für die Lokomotivbetriebe Gesagte ohne weiteres auch auf die Baggerbetriebe angewandt werden. Es sei daher auf die im vorigen Abschnitt unter Nr. 5 und 6 gemachten Angaben verwiesen (s. S. 48 und 50).

6. Nebenarbeiten.

Bei der Verwendung von Eimerbaggern kommt es nicht selten vor, daß das Baggergelände vor Beginn der Arbeit erst noch eingeebnet werden muß. Die Herstellung eines guten Baggerplanums ohne zu starke Steigungen (möglichst nicht über 1:50) ist für den ganzen Baggerbetrieb von großer Wichtigkeit. Hierbei ist zu berücksichtigen, daß beim Tiefbagger das gesamte Baggerfeld planiert werden muß, während beim Hochbagger nur ein Streifen von etwa 10 m für das erste Legen des Baggergleises hergerichtet zu werden braucht. Im Gegensatz zu den Eimerbaggern können Löffelbagger fast jedes Gelände ohne besondere Vorbereitung in Angriff nehmen. Die zur Herrichtung des Baggerplanums zu bewegenden Bodenmassen sind möglichst genau zu ermitteln und die Kosten, die diese vorbereitenden Erdarbeiten verursachen werden, getrennt von dem eigentlichen Baggerbetrieb zu berechnen.

Sollte es nicht möglich sein, mit dem für die Ausführung der Arbeit vorgesehenen Bagger alle Partien der abzutragenden Bodenmasse zu erreichen, so müssen diese entweder von Hand an den Bagger herangeworfen, oder in besonderem Betrieb ausgeschachtet werden. Letzteres

---

[1] Bei leichtem, bzw. schwerem Boden.

kann auch vorkommen, wenn sich das Ausheben des Bodens mit Hilfe des Baggers nicht mehr lohnt, z. B. bei flach auslaufenden Abträgen. Auch in allen solchen Fällen muß man die besonders zu bewegenden Bodenmassen möglichst genau ermitteln und für sich veranschlagen.

Weitere Nebenarbeiten können bei Baggerbetrieben durch das Auftreten von Sickerwasser entstehen. Um ein Durchweichen das Baggerplanums zu verhüten, muß in solchen Fällen für eine gute Ableitung des Wassers gesorgt werden, was unter Umständen fortlaufende Arbeiten und dadurch Kosten verursachen wird.

G. Ausschachten von Baugruben im Handbetrieb.

In diesem Abschnitt sollen diejenigen Erdbewegungen besprochen werden, bei denen der Boden aus größerer Tiefe gehoben werden muß, bevor er abtransportiert werden kann, und zwar durch Handarbeit, wie dies bei der Herstellung von kleineren Fundament-Baugruben, von Kanalgräben usw. vorkommen kann.

1. Gerätekosten.

An Baugeräten werden bei dieser Art des Bodenaushubes lediglich die Einrichtungen für den Abtransport des geförderten Bodens benötigt. Da es sich meist um verhältnismäßig kleine Bodenmengen handelt, kommen zum Abtransport Schubkarren, Muldenkipper, Kraftwagen usw. in Betracht. Über den Bedarf an Baugeräten, sowie über die aus der Abschreibung und Verzinsung entstehenden Auslagen, über die Transportkosten, Installations- und Reparaturkosten siehe daher das in den vorhergehenden Abschnitten Gesagte. Die Kosten, die aus der Errichtung von Wurfpritschen erwachsen, können im allgemeinen, da von untergeordneter Bedeutung, vernachlässigt werden.

Die Aufwendungen für die eigentliche Bodenbewegung ergeben sich wie folgt:

2. Lösen, Werfen und Laden des Bodens.

Zu dem „Lösen und Laden“ der vorhergehenden Abschnitte kommt im vorliegenden Falle noch das Werfen des Bodens hinzu. Bei Betrachtung dieser einzelnen Teilarbeiten faßt man am besten die ersten beiden Arbeiten zusammen und betrachtet diejenige des dazwischenliegenden Werfens für sich, da diese je nach der Förderhöhe verschieden teuer sein wird.

Bei ihrer Berechnung kann man annehmen, daß ein Arbeiter trockenen Boden etwa 1,8—2,0 m, nassen etwa 1,6 m hoch zu werfen vermag. Aus der mittleren Tiefe der Baugrube und diesen Wurfhöhen findet man leicht die zur Förderung der ganzen Ausschachtungsmasse aufzuwendende durchschnittliche Zahl der Würfe.

Der Einfachheit halber legt man der Berechnung der Kosten für „Lösen und Laden“ die für Muldenkipperbetriebe gefundenen Mittelwerte zugrunde (S. 33). Infolgedessen hat die Einteilung der Baugrube in die einzelnen Bodenpartien für Muldenkipper- und für Fuhrwerks-transporte am oberen Rande, für Schubkarrenbetriebe jedoch etwa $1/_2$ m unter diesem zu beginnen.

Im weiteren kann angenommen werden, daß obige Wurfhöhen noch bis auf eine horizontale Entfernung von etwa 2 m erreicht werden können, daß also der Boden bei Baugrubenweiten bis zu 2 m direkt auf die erste Pritsche oder den Baugrubenrand geworfen werden kann. Ist die Baugrube breiter, so muß ein Teil des Bodens zunächst noch horizontal geworfen werden, was aber selten vorkommt, da bei größerer Baugrubenbreite mit Rücksicht auf die alsdann größeren Bodenmassen meist maschinelle Förderung angewandt werden wird.

Die Kosten des ganzen Bodenaushubes können nun auf Grund folgender Werte berechnet werden. Es kostet durchschnittlich:

Bodenart	Lösen und Laden	Einmal werfen
	Arb.-Std./cbm	Arb.-Std./cbm
1. Leichter Boden . . . . . . i. M.	0,8	0,7
2. Mittelschwerer Boden. . . „	1,4	0,8
3. Schwerer Boden . . . . . „	2,3	1,0
4. Sehr schwerer Boden . . . „	3,4	1,4

Den Umstand, daß der Boden beim ersten Wurf im Mittel nur um die Hälfte einer Staffel gefördert werden muß, kann man bei der Berechnung vernachlässigen.

In engen Baugruben ist mit Rücksicht auf das unbequeme Arbeiten und die schwierigere Beaufsichtigung der Arbeiter zu obigen Werten noch ein Zuschlag von etwa 10—20% zu machen.

3. Transportieren und Kippen.

Die aus diesen Arbeiten entstehenden Kosten lassen sich auf Grund der in den vorhergehenden Abschnitten gemachten Angaben berechnen. Mit Rücksicht auf die unvermeidlichen Unterbrechungen, die aus dem Zusammenarbeiten einer Förderkolonne und einer Transportkolonne entstehen, und die außerdem durch das Anbringen der Baugrubenaussteifung verursacht werden, empfiehlt es sich, den Zeitverlust beim Abtransport mit Schubkarren und Muldenkipper um mindestens 2 bis 3 Minuten für jede Tour zu erhöhen, so daß also in den Formeln für

Schubkarrentransport:

$$\frac{L}{20}\,(0{,}16\text{—}0{,}21)\ \text{Arb.-Std.},$$

Muldenkippertransport:

$$\frac{L}{50}\,(0{,}074\text{—}0{,}093)\ \text{Arb.-Std.}$$

für die virtuelle Länge L gesetzt werden muß:

$L =$ Transportweite $+$ Steigung $\cdot$ 15 (oder Gefälle $\cdot$ 10) $+$ (80—120 m)

bzw. $\quad L =$ Transportweite $+$ Steigung $\cdot$ 50 $+$ (200—300 m).

4. Aufsicht.

Hierfür sind bei breiten Baugruben und größeren Arbeitskolonnen etwa 6%, bei engen Baugruben und kleinen Gruppen bis 10% der Arbeiterlöhne zu rechnen.

5. Aussteifen der Baugrube.

Tiefe Baugruben müssen im allgemeinen ausgesteift und, falls sie nicht bereits durch Spundwände eingeschlossen sind, auch noch fortschreitend mit der Ausschachtung verkleidet werden, damit ihre Wände nicht einstürzen. Meist werden hierbei zwei gegenüberliegende Wände unter Verwendung von Rundhölzern oder besonders ausgebildeter Steifen gegeneinander abgestützt, bei weiten Baugruben kommt auch ein Abstützen gegen stehengelassene Erdkörper in Frage, oder aber Verankerung nach rückwärts.

Die Verkleidung der abzusteifenden Wand kann bestehen entweder aus horizontalen Bohlen mit davorgestellten vertikalen Kanthölzern, sogenannte Bohlenwand, oder aus senkrecht stehenden, unten zugespitzten Bohlen, die zwischen horizontalen Kanthölzern (Zangen) der Ausschachtung folgend nach und nach eingetrieben werden, sogenannte Stülpwand, oder schließlich aus I-Trägern, die vor Beginn der Ausschachtung gerammt werden und zwischen denen während der Ausschachtung nach und nach kurze Bohlenstücke gesetzt werden, sogenannte Trägerwand. Die erste dieser drei Verkleidungsarten ist weitaus die gebräuchlichste.

Die Kosten der Baugrubenaussteifung können je nach dem Materialbedarf und je nach der aus Anbringen und Wiederentfernen der Aussteifung erwachsenden Arbeit innerhalb weiter Grenzen schwanken. Sie werden durch den Umfang, in dem eine Aussteifung erforderlich sein wird, bestimmt, der Materialbedarf außerdem noch durch die Größe der gleichzeitig auszusteifenden Flächen, sowie durch den Materialbedarf eines Quadratmeters Verkleidung.

Die Flächen, die gleichzeitig verkleidet sein müssen, findet man angenähert auf Grund des Bauprogramms. Bei kurzen Baugruben, wie beispielsweise für Pfeilerfundamente, müssen natürlich sämtliche Wände gleichzeitig eingeschalt und abgestützt sein, bei den langgestreckten Baugruben von Kanalisationsarbeiten dagegen ist im allgemeinen nur eine stückweise Aussteifung erforderlich. Die Länge dieser Stücke ist abhängig von den örtlichen Verhältnissen, unter Umständen auch von der Stärke des Wasserandranges. Die Anzahl der Angriffsstellen, d. h. die Zahl solcher gleichzeitig auszusteifender Strecken, wird durch die geforderte tägliche Leistung und die Zeiten bedingt, die zur Ausführung der einzelnen Teilarbeiten, wie Ausschachten, Herstellen des Bauwerkes und Wiedereinfüllen der Baugrube, auf die Länge einer solchen Strecke notwendig sind. Diese Zeiten ergeben sich aus der Leistungsfähigkeit der Arbeitskräfte und maschinellen Einrichtungen und der Bedingung, daß in der Ausführung der einzelnen Teilarbeiten, besonders in der Herstellung des eigentlichen Bauwerkes, möglichst keine Unterbrechungen entstehen.

Hat man unter Berücksichtigung dieser Umstände Zahl und Länge derjenigen Strecken bestimmt, die gleichzeitig eingeschalt sein müssen, so ist weiter festzustellen, ob die Schalung auf die ganze Tiefe der Baugrube erforderlich sein wird, wie z. B. bei nassem oder drückendem Boden, oder nur in den oberen Partien, oder ob es schließlich genügen wird, wenn nur in gewissen Abständen einzelne Bohlen mit Steifen angebracht werden. Diese Frage läßt sich natürlich nur auf Grund praktischer Erfahrungen in den verschiedenen Bodenarten beantworten.

Der Materialbedarf für 1 qm verkleidete Wand wird je nach der Art der Aussteifung verschieden hoch sein.

Bei Bohlen- und Stülpwänden, bestehend aus 5 cm starken Bohlen, wird er einschließlich der Kanthölzer oder Zangen und Keile im Durchschnitt betragen:

$$0,06 \text{ cbm Holz} + 0,8 \text{ Stück halbe Steifen.}$$

Man kann also für die zur Absteifung der Wand notwendigen Kanthölzer etwa 1 cm Wandfläche rechnen. Die Stärke der Steifen richtet sich nach ihrer Länge und schwankt bei 2—5 m langen Steifen etwa zwischen 12 und 25 cm.

Bei tiefen und weiten Baugruben, sowie bei Trägerwänden sollte der Baustoffbedarf stets auf Grund statischer Berechnungen ermittelt werden, da das Schätzen zu leicht zu unrichtigen Ergebnissen führt.

Die Kosten des Kleineisenzeugs (Klammern, Bolzen usw.) können fast immer vernachlässigt werden, da sie im Vergleich zu den übrigen Kosten von nebensächlicher Bedeutung sind.

Das Absteifholz kann natürlich wiederholt verwandt werden. Es ist jedoch zu berücksichtigen, daß durch Bruch und Verschnitt beim jedesmaligen Umsteifen Verluste entstehen, und daß ferner sehr oft ein Teil der Absteifung nach Vollendung des Bauwerkes nicht mehr aus der Baugrube herausgebracht werden kann. Diese letzten Mengen sind natürlich bei Berechnung des Altwertes zunächst in Abzug zu bringen. Für den Rest des Holzes ist eine den jeweiligen Verhältnissen, der Bodenart und vor allem auch dem Wasserandrang entsprechende Wertminderung zu rechnen. Hierbei kann angenommen werden, daß von dem Steifholz die Bohlen bis 10 mal, meist aber nur etwa 5 mal benutzt werden können, die Steifen dagegen im allgemeinen nur 2—3 mal, bis sie gänzlich unbrauchbar geworden sind, d. h. nur noch Brennholzwert besitzen.

Besteht bei einer Bauausführung aber nicht die Möglichkeit einer solch häufigen Verwendung und wird das Material weniger oft gebraucht, so darf man nicht etwa einen dieser geringeren Benutzung entsprechenden höheren Altwert annehmen, da altes Steifenholz stets wesentlich unter dem eigentlichen Wert taxiert wird, vor allem, wenn es nicht gerade wieder verwandt werden kann. Während sich für Bohlen noch eher eine Wiederverwendung bieten wird, trifft dies für die Steifen in ihrer ganzen Länge nur selten zu. Man muß daher bei Festsetzung des Altwertes sehr vorsichtig sein und sollte ihn in keinem Falle über 40% des Nennwertes annehmen.

Die so festgesetzten voraussichtlichen Altwerte des Holzes bringt man am besten von den Anschaffungswerten in Abzug und verteilt den Restbetrag für das Aussteifungsmaterial auf die ganze auszusteifende Baugrubenfläche oder direkt auf diejenigen Arbeiten, für deren Durchführung die Aussteifung erforderlich sein wird, also auf die Erdarbeiten sowie die Beton- oder Maurerarbeiten.

Den Lohnanteil der Aussteifungskosten kann man auf Grund folgender durchschnittlicher Zahlenwerte berechnen:

Art der Arbeit	Arb.-Std.	Zimm.-Std.
Bohlenwand herstellen, abbrechen und zur Wiederverwendungsstelle transportieren, einschließlich kurzer Steifen . . . . 1 qm	1,5—2,5	—
Stülpwand wie vor, bei leichtem Boden bis etwa 3 m Tiefe . . . . 1 qm	2,0—3,0	—
bei größerer Tiefe . . . . 1 „	4,0—5,0	—
bei schwererem Boden entsprechend mehr		
Trägerwand: Rammen der Träger s. Kapitel 8. Zurechtschneiden, Einsetzen und Wiederentfernen der Bohlenstücke und Keile zwischen den Trägern . . . . 1 qm	1,0	2,0
Lange Streifen einsetzen und wieder entfernen, je nach der Länge und den örtlichen Verhältnissen . . 1 Stück	12—30	3—8

H. Ausschachten von Baugruben mittels maschineller Einrichtungen.

Sobald es sich um die Förderung größerer Erdmengen handelt, werden zum Heben des Bodens aus der Baugrube vorteilhafterweise maschinelle Einrichtungen verwandt. Hierbei ist grundsätzlich zu unterscheiden zwischen solchen Maschinen, die den Boden nur heben und bei denen das Lösen und Laden von Hand erfolgt, und solchen, die den Boden außerdem auch noch lösen. Zu jener Art gehören die Kräne, Aufzüge, schiefen Ebenen mit Windwerk und die Förderbänder, zu dieser die Greifbagger. Die Frage, welcher Maschinenart jeweils der Vorzug zu geben ist, muß natürlich von Fall zu Fall beantwortet werden.

1. Bedarf an Baugeräten.

Außer der eigentlichen Fördereinrichtung werden an Baugeräten noch Wagen und Gleise oder andere Einrichtungen für den Abtransport des Bodens benötigt, bei breiten Baugruben unter Umständen die gleichen Geräte auch noch zum Heranschaffen des Bodens an die Aufzugsvorrichtung in der Baugrube. Hinsichtlich des Bedarfes an Geräten sei auf das in den vorhergehenden Abschnitten Gesagte hingewiesen, insbesondere auf die Abschnitte E und F. Über die Leistungsfähigkeit von maschinellen Fördereinrichtungen siehe unten Näheres.

2. Gerätekosten.

Zunächst sei auf das in Kapitel 15 Gesagte verwiesen. Über die Kosten von Gleisen und Wagen enthalten die vorhergehenden Abschnitte nähere Angaben.

Die zur Berechnung der Transportkosten erforderlichen Gewichte von Greifern können aus untenstehender Tabelle entnommen werden, in der die Werte einiger Baggertypen enthalten sind. Die Gewichte von Kränen und anderen Hebevorrichtungen müssen von Fall zu Fall ermittelt werden, da diese je nach Art und Konstruktion des betreffenden Gerätes verschieden sind.

Die Installationskosten von Fördereinrichtungen lassen sich auf Grund folgenden Satzes angenähert berechnen. Es kostet durchschnittlich Aufstellen und Abbrechen von

Kränen, Aufzügen, Greifbaggern usw. 35 Arb.-Std./t.

Die Kosten etwa erforderlicher Gerüste sollte man stets getrennt von der maschinellen Einrichtung veranschlagen (s. Kapitel 11).

Die Kosten der eigentlichen Arbeit ergeben sich auf Grund nachstehender Angaben:

3. Lösen, Laden und Heben des Bodens.

a) Maschinelle Einrichtungen mit Handladung. Bei dieser Art der Förderung ist zunächst festzustellen, welche Bodenmassen direkt in die Fördergefäße geladen werden können und welche zuerst noch durch Werfen oder mittels Wagen an diese herangeschafft werden müssen. Die Kosten lassen sich dann auf Grund der in den vorhergehenden Abschnitten gemachten Angaben für Lösen und Laden des Bodens, für Werfen, sowie für Transportieren in Schubkarren und Muldenkippern leicht berechnen. Die sich hieraus ergebenden Preise müssen aber um etwa 10—20% erhöht werden, da bei derartigen Betrieben infolge kleinerer immer wiederkehrender Unterbrechungen und Stockungen des Betriebes die Arbeitskräfte nie vollständig ausgenutzt werden können.

Die Kosten des Hebens ergeben sich wie üblich aus den stündlichen Betriebskosten und der stündlichen Leistung der Hebeeinrichtung, wobei natürlich wieder das Leistungsmittel aus der ganzen Betriebszeit zu nehmen ist.

Sowohl die Betriebskosten wie die Leistungen hängen ganz von der Art und der Ausführung der Hebevorrichtung sowie den örtlichen Verhältnissen ab und sind von Fall zu Fall neu zu ermitteln. Hierfür möge das Folgende als Anhalt dienen:

Die Bedienungsmannschaft einer Aufzugsvorrichtung besteht aus dem Führer (Maschinist) und bei Dampfmaschinen noch dem Heizer. Zu diesen beiden Leuten kommen je nach der Art der Einrichtung noch verschiedene Hilfskräfte hinzu, und zwar:

bei Kränen 1—2 Mann zum Führen und Entleeren der Fördergefäße und beim Ausschachten enger Baugruben im allgemeinen noch ein weiterer Arbeiter zum Dirigieren der Förderkübel durch die Baugrubenaussteifung hindurch,

bei Fahrstühlen und schiefen Ebenen an der Aufgabe- und der Abnahmestelle je 1 eventuell 2 Mann zur Hilfsleistung, bei Dampfmaschinen, falls mit Rücksicht auf die örtlichen Verhältnisse der Heizer die Kohlen und das Wasser nicht selbst zum Kessel heranschaffen kann, noch ein weiterer Mann für diese Arbeiten.

Die Löhne von Maschinist und Heizer sind (s. S. 22) je um etwa $^1/_4$ zu erhöhen.

Die Höhe des Verbrauchs an Betriebsstoffen richtet sich nach der von der Antriebsmaschine aufzuwendenden Kraft und der Art des Betriebes. Im allgemeinen wird die Maschine nur während eines Teiles der ganzen Zeit in Anspruch genommen, d. h. nur während des Hebens der Last bzw. Hebens und Schwenkens, also etwa $^1/_2$—$^2/_3$ der Zeit, und hat während des Ablassens der leeren Kübel oder Wagen und während der Wartezeit keine Kraft aufzuwenden. Dies ist bei Festsetzung des durchschnittlichen Brennmaterial- bzw. elektrischen Stromverbrauchs zu berücksichtigen (s. Kapitel 5).

Die Leistung der Aufzugsvorrichtung läßt sich aus der voraussichtlichen Anzahl Touren in der Stunde und der auf einer Tour beförderten Menge gewachsenen Bodens berechnen. Jene muß, da sie ganz von der Örtlichkeit und der Art der Maschine abhängig ist, von Fall zu Fall neu ermittelt werden, und zwar am besten, indem man die für die einzelnen Bewegungen (Heben, eventuell Schwenken, Ablassen und Warten) erforderlichen Zeiten berechnet oder schätzt. Hierbei ist stets ein genügend langer Zeitraum für die kleinen, aber immer wiederkehrenden, aus dem Zusammenarbeiten der verschiedenen Arbeitsgruppen entspringenden Betriebsunterbrechungen zu berücksichtigen. Ferner ist zu überlegen, ob in der Baugrube überhaupt so viel Leute zum Laden angesetzt werden können, daß die Aufzugsvorrichtung ununterbrochen arbeiten kann, was besonders bei engen Baugruben häufig nicht der Fall sein wird.

Die in einem Fördergefäß enthaltene Bodenmenge ergibt sich aus dem Inhalt des Gefäßes oder Wagens und dem Auflockerungsmaß des Bodens (s. S. 27).

Es empfiehlt sich stets, außer der Masse auch das Gewicht des vollen Fördergefäßes (einschließlich Eigengewicht) zu berechnen und zu prüfen, ob die Stärke der Aufzugsvorrichtung ein vollständiges Anfüllen des Gefäßes oder Wagens auch wirklich zuläßt, bzw. die Stärke der Maschine danach zu wählen. Über spezifisches Gewicht von Boden siehe S. 42 und die Tabelle auf S. 148.

b) Greifbagger. Hier findet man sämtliche Förderkosten bis zum Abtransport des Bodens am besten dadurch, daß man die stündlichen Betriebskosten durch die stündliche Leistung des Greifbaggers dividiert. Beide Faktoren, Betriebskosten und Leistung, werden bestimmt durch die zu fördernde Bodenart, die örtlichen Verhältnisse, sowie die Größe, Art und Konstruktion des Baggers.

In nachstehender Tabelle sind beispielsweise die von der Firma Menck & Hambrock, G. m. b. H., Altona, gebauten Greifbaggertypen aufgeführt und eine Reihe für die Kostenberechnung erforderlicher Daten gegeben.

Die Bedienung von Greifbaggern besteht aus Baggerführer und Heizer (bei Dampfbaggern) bzw. Schmierer (bei Öl- und Elektrobaggern) (s. S. 58). Außerdem sind am Bagger für Nebenarbeiten je nach den örtlichen Verhältnissen noch erforderlich:

1—2 Mann zum Führen des Korbes in engen Baugruben und zwischen Aussteifungen,

2—5 Mann zum Führen des Korbes beim Entleeren in Wagen und zum Einschaufeln des neben die Wagen fallenden Bodens,

1 Mann für Kohlen- und Wassertransport, falls der Heizer diese Arbeiten nicht selbst ausführen kann.

Die Löhne von Maschinist und Heizer bzw. Schmierer sind, wie bei anderen Maschinen, um etwa $^1/_4$ zu erhöhen (s. S. 22).

Greifbagger:

Type	C_1	E	III	IV	V	VI
Greiferinhalt . . . . . . cbm	0,4	0,8	0,5	0,8	1,25	2,0
Konstruktionsgewicht, einschließlich Greifer:						
Dampfbagger . . . . t	13	23	26	42	69	113
Dieselbagger. . . . . t	—	—	27	43	72	118
Elektrobagger . . . . t	—	—	—	39	65	106
Arbeitsgewicht:						
Dampfbagger . . . . t	16	29	32	51	85	140
Dieselbagger. . . . . t	—	—	32	51	84	137
Elektrobagger . . . . t	—	—	—	50	84	135
Greifergewicht. . . . . t	1,33	2,30	1,34	2,14	3,41	5,48
Gegengewicht für Dampfbagger t	2,00	5,00	3,50	6,20	11,00	20,00
Spurweite. . . . . m	1,65	2,07	Raupenband-Fahrwerk			
Grabweite bei Neigung des Auslegers zur Horizontalen von 40° m	—	—	10,90	12,78	15,00	17,70
desgl. 25° . . . . .m	—	—·	12,45	14,60	17,10	20,24
Vorteilhafteste Wagengröße . cbm	1—2	2	1—2	2	3—4	4
Bedienungspersonal . . . Mann	2	2	2	2	2	2
Für Nebenarbeiten . . . . ,,	1—4	1—6	1—4	1—6	1—7	1—8
Kohlenverbrauch. . . . kg/Std.	35	50	60	85	115	155
Schmier- und Putzmaterialkosten	i. M. 13 % der Kohlenkosten					

Der hier angeführte Kohlenverbrauch der Dampfbagger bezieht sich auf einen normalen, flottgehenden Betrieb. Treten häufige Unterbrechungen ein, so wird er etwas niedriger sein, bei forciertem Betrieb dagegen höher. Im übrigen siehe das für Trockenbagger Gesagte (S. 55). Hinsichtlich des Verbrauches von Öl- und Elektrobagger sei auf die für Antriebsmaschinen gemachten Angaben (S. 24 und 25) verwiesen.

Für die Leistung von Greifbaggern lassen sich keine bestimmten Zahlenwerte angeben, da sie zu sehr von den örtlichen Verhältnissen abhängig ist, in noch weit höherem Maße als bei Löffelbaggern. Bestimmt wird die Leistung eines Greifbaggers durch den Füllungsgrad des Korbes, d. h. die mit einem Hub geförderte Menge Boden in gewachsenem Zustand gemessen und die Anzahl Spiele in der Stunde. Jener ist in der Hauptsache abhängig von der Bodenart und davon, ob im Trockenen oder aus dem Wasser gegriffen wird; auf diese sind im wesentlichen die Art des Greifens und die Art des Entladens von Einfluß.

Die höchste Tourenzahl erreicht der Bagger natürlich, wenn er ungehindert greifen und frei, d. h. ohne anzuhalten, entleeren kann. Sobald der Korb beim Greifen an einer ganz bestimmten Stelle abgesetzt werden muß, wie z. B. beim Baggern in engen, ausgesteiften Baugruben oder beim Greifen von Sprengtrümmern, entstehen bei jedem Spiel Aufenthalte, was ein Sinken der Tourenzahl zur Folge hat. Dasselbe ist der Fall, wenn der Greifer an einer ganz bestimmten Stelle, z. B. über einem Wagen entleeren soll und bevor er sich öffnen darf, angehalten werden muß. Das Maß, in dem in beiden Fällen die Spielzahl gegenüber der bei freiem Arbeiten erreichbaren sinkt, ist je nach den örtlichen Verhältnissen sehr verschieden.

Will man also Erfahrungswerte von früheren Baggerarbeiten für einen Kostenvoranschlag verwerten, so muß man immer gut überlegen, wie weit sich Füllungsgrad und Tourenzahl gegenüber dem früheren Fall voraussichtlich ändern werden.

Mit Rücksicht auf die große Verschiedenheit der Verhältnisse und die weiten Grenzen, innerhalb deren die Leistung schwanken kann, empfiehlt es sich, bei Greifbaggern noch mehr als bei Eimer- und Löffelbaggern, die Leistung auch rechnerisch zu bestimmen, um die auf Grund praktischer Erfahrungen gefundenen Werte zu kontrollieren. Die nachstehenden Zahlen über den Füllungsgrad des Korbes können hierbei als Anhalt dienen.

Bodenart	Füllungsgrad beim Greifen	
	im Trockenen	unter Wasser
1. Leichter Boden . . . . %	80	50
2. Mittelschwerer Boden . . . . %	70	40
3. Schwerer Boden . . . . %	60	35
4. Sehr schwerer Boden . . . . %	50	30

Beim Ausschachten ausgesteifter Baugruben vermag der Greifbagger die unter den Steifen und längs der Baugrubenwand gelegenen Bodenpartien nicht direkt zu fassen. Falls dieser Boden nicht während der Ausschachtungsarbeit von selber nachrutscht, muß er von Hand unter den Greiferkorb geworfen werden, eine Arbeit, die bei der Veranschlagung nicht vergessen werden darf.

4. Transportieren und Kippen.

Die Kosten dieser beiden Arbeiten ergeben sich genau wie bei anderen Erdbewegungen. Bei Abtransport von Hand hat man mit Rücksicht auf den zwischengeschalteten maschinellen Betrieb mit noch etwas größeren Unterbrechungen zu rechnen, als im vorhergehenden Abschnitt (S. 61) angeführt. Soll der Boden mit Lokomotiven abbefördert werden, wie dies beim Greifbaggerbetrieb im allgemeinen der Fall ist, so findet man die Kosten wie im Abschnitt E (S. 48) entwickelt. Handelt es sich um Ausschachtungen aus dem Wasser, so wird man gut daran tun, die

Transportkosten mit Rücksicht auf das mit dem Boden ausgehobene und zum Teil zu transportierende Wasser um etwa 10—20% zu erhöhen. Über die Berechnung der Kippkosten siehe S. 50.

5. Aufsicht.

Die Höhe dieser Kosten läßt sich wie bei anderen Erdbetrieben auf Grund der von einem Aufseher überwachten Arbeiterzahl oder der im ganzen benötigten Anzahl Aufseher leicht ermitteln.

J. Nebenarbeiten.

Im Zusammenhange mit Erdarbeiten gelangen häufig noch die einen oder die anderen der im Nachstehenden aufgeführten Nebenarbeiten zur Ausführung, für die vom Unternehmer entweder besondere Preise abgegeben werden, oder die er, falls dies nicht der Fall sein sollte, in die eigentlichen Erdbewegungen einrechnen muß. In beiden Fällen sind die aus derartigen Arbeiten entstehenden Kosten besonders zu ermitteln, wozu die folgenden Angaben dienen mögen.

1. Rasen und Mutterboden abdecken.

Vor Inangriffnahme einer Ausschachtung muß der auf den abzugrabenden Bodenpartien liegende Rasen oder Mutterboden in der Regel abgedeckt und zwecks späterer Wiederverwendung seitlich gelagert werden. Die Ablagerungsplätze für diese Bodenmassen wählt man natürlich stets möglichst nahe der Gewinnungs- oder der Wiederverwendungsstelle. Da diese beiden Stellen häufig identisch sind oder doch nicht weit auseinanderliegen, kommen hierbei meist nur kurze Transporte in Frage.

Rasen und Mutterboden kann als leichtere Sorte von mittelschwerem Boden angesehen werden. Da es sich stets um flache Abgrabungen handelt und der Boden fast immer vom Gleisplanum aus in die Fördergefäße geladen werden kann, wird man die Kosten des Lösens und Ladens im allgemeinen richtig einschätzen, wenn man hierfür die Durchschnittswerte für mittelschweren Boden wählt, d. h. je nach der Größe der Transportgefäße

$$1{,}2\text{—}1{,}6 \text{ Arb.-Std./cbm}.$$

Der Transport erfolgt meist in Schubkarren und Muldenkippern, seltener in Fuhrwerken, und nur bei großen Massen und dann auch größeren Entfernungen mit Kippwagen und Lokomotiven. Die Kosten des Transportierens und Kippens, wie auch diejenigen der Aufsicht, ergeben sich daher auf Grund der in den vorstehenden Abschnitten gemachten Angaben.

Müssen die einzelnen ausgestochenen Rasenstücke an der Ablagerungsstelle noch aufgestapelt werden, so ist noch etwa 1 Arb.-Std./cbm zuzuschlagen.

Durch Addition der Teilwerte findet man dann den Kubikmeterpreis für die ganze Arbeit, und durch Multiplikation mit der Stärke der abzugrabenden Schicht (i. M. 0,25 m) den Preis für den Quadratmeter Fläche. Dieser beträgt im allgemeinen bei Transportweiten bis etwa 50 m

$$0,4\text{—}0,6 \text{ Arb.-Std./qm,}$$

eventuell zuzüglich 0,2—0,3 Arb.-Std. für Aufstapeln der Rasenstücke.

Hinsichtlich des Bedarfs an Baugeräten und hinsichtlich der Installationskosten sei auf die vorhergehenden Abschnitte verwiesen.

Zu bemerken ist noch, daß die Mehr- oder Minderkosten des Rasen- und Mutterbodenabdeckens gegenüber den Kosten der eigentlichen Bodenbewegung nur dann auf diese von merkbarem Einfluß sein werden, wenn es sich um verhältnismäßig flache Abgrabungen handelt. Bei Bodenabtragungen von über etwa 2 m Stärke wird der Einfluß jedoch so gut wie ganz verschwinden, und die Kosten dieser Nebenarbeit können dann vernachlässigt werden.

2. Mutterboden andecken.

Mutterboden, der von einer seitlichen Ablagerungsstelle entnommen wird, kann als leichter bis mittelschwerer (gewachsener) Boden bezeichnet werden. Für Lösen und Laden sind daher den verschiedenen Transportgefäßen entsprechend zu rechnen

$$0,9\text{—}1,3 \text{ Arb.-Std./cbm.}$$

Die Kosten des Transportierens und Kippens findet man wieder auf Grund der in den vorhergehenden Abschnitten enthaltenen Ausführungen.

Für das Ausbreiten des Bodens (durchschnittlich in einer Stärke von 0,30 m) kann man je nach der Größe der Wagen rechnen

$$0,1\text{—}0,3 \text{ Arb.-Std./cbm.}$$

Muß der Mutterboden in dünne Schichten ausgebreitet werden, wie dies z. B. für die Unterlage unter Rasen erforderlich ist, so werden die Kosten natürlich höher sein, und zwar wachsen sie angenähert im umgekehrten Verhältnis zur Stärke. Wird der Boden in Schubkarren angefahren, so können die Kosten des Ausbreitens dagegen, da verhältnismäßig gering, vernachlässigt werden.

Die Arbeit, die das Einebnen der anzudeckenden Fläche vor Aufbringen des Mutterbodens verursacht, kann man durchschnittlich mit 0,2 Arb.-Std./qm annehmen.

Aus diesen Teilkosten findet man schließlich den Gesamtpreis für den Quadratmeter anzudeckende Fläche. Dieser wird bei 0,30 m starker Andeckung und bei kurzen Schubkarren- oder Muldenkippertransporten, wie dies im allgemeinen der Fall ist, etwa

$$0,6\text{—}1,0 \text{ Arb.-Std./qm}$$

betragen. Für Böschungsflächen stellen sich die Kosten mit Rücksicht auf das schwierigere Heranbringen und Ausbreiten des Mutterbodens allerdings meist wesentlich höher.

Der Bedarf an Grassamen zum Einsäen der angedeckten Fläche beträgt etwa

30 kg/Morgen.

Bei Ansäen im Sommer muß man mit Rücksicht auf das teilweise Vertrocknen der jungen Saat etwas mehr rechnen.

Hinsichtlich des Bedarfs an Baugeräten usw. sei auch hier auf die früheren Abschnitte verwiesen.

3. Rasen andecken.

a) Flachrasen. Seitlich aufgestapelte Rasenstücke laden, transportieren und auf der zu bekleidenden Fläche nebeneinandersetzen erfordert etwas mehr Arbeit als Mutterboden gewinnen, transportieren und in einer Stärke von 0,30 m andecken, also bei kurzen Transportweiten etwa

0,7—1,2 Arb.-Std./qm,

bei Böschungsflächen entsprechend mehr.

b) Kopfrasen. Da Kopfrasen ungefähr doppelt so stark ausgeführt wird wie Flachrasen, muß man auch ungefähr die doppelten Kosten rechnen wie für diesen, also

1,4—2,4 Arb.-Std./qm.

4. Steinpackungen usw.

Hierüber siehe die Angaben in Kapitel 12.

5. Rodungsarbeiten.

Die Kosten dieser Arbeiten können sehr verschieden hoch sein, je nach der Stärke des auszurodenden Wurzelwerkes und der Baumstümpfe sowie der Dichtigkeit, in der diese stehen. Im allgemeinen wird der Arbeitsaufwand etwa zwischen

0,3 und 1,0 Arb.-Std./qm

zu rodende Fläche schwanken. Hierin dürften außer der eigentlichen Rodungsarbeit auch das Abtransportieren und Stapeln der Wurzeln usw. enthalten sein.

6. Stampfen und Walzen von Boden.

Bei Herstellung von Kanaldämmen, Deichen, Staudämmen und anderen Erdanschüttungen, bei denen auf Dichtigkeit oder geringes Sackmaß Wert gelegt wird, muß der angeschüttete Boden zwecks Erzielung der größeren Dichtigkeit gestampft oder gewalzt werden. Zu diesem Zweck ist der gekippte Boden zunächst in Schichten auszubreiten, eine Arbeit, die, wie bereits früher erwähnt, stets getrennt vom eigentlichen Kippen berechnet werden sollte.

Die aus dem eigentlichen Stampfen oder Walzen des Bodens entstehenden Kosten sind je nach der Bodenart, der Stärke der Lagen, dem geforderten Dichtigkeitsgrade und der Größe der Fördergefäße sehr verschieden hoch. Außerdem werden sie, vor allem bei lehmigem Boden, in hohem Maße durch die Witterung beeinflußt und steigen bei nassem Wetter infolge der stark sinkenden Leistungen von Stampfern und Walzen wesentlich. Die nachfolgenden diesbezüglichen Daten dürfen daher auch nur als angenäherte Werte angesehen werden. Das Stampfen oder Walzen erfolgt von Hand oder mittels maschinell betriebener Walzen.

a) Handarbeit. Hierfür können ungefähr folgende, für 1 cbm Boden — ausnahmsweise im fertigen Damm gemessen — gültige Werte der Berechnung zugrunde gelegt werden:

Bodenart	Ausbreiten von Boden bei Transport in		Walzen oder Stampfen von Boden durchschnittlich
	Muldenkippern von $^3/_4$ cbm Inhalt	Kastenkippern von 2—4 cbm Inhalt	
	und Schichtstärke von		
	0,2—0,5 m	0,2—0,5 m	
	Arb.-Std./cbm	Arb.-Std./cbm	Arb.-Sdt./cbm
1. Leichter Boden	0,1—0,0	0,3—0,1	0,5
2. Mittelschwerer Boden	0,3—0,1	0,5—0,2	1,0
3. Schwerer Boden.	0,5—0,2	0,8—0,3	1,5
4. Sehr schwerer Boden	0,7—0,3	1,0—0,4	2,5

b) Maschinelle Arbeit. Im allgemeinen werden hierfür Motorwalzen verwandt. Bei Kanalböschungen dagegen benutzt man meist eine gewöhnliche Walze, die von einer auf der Dammkrone stehenden Dampf- oder Motorwinde über die Böschung heraufgezogen und abgelassen wird. Der Bedarf an Baugeräten ergibt sich aus den örtlichen Verhältnissen, der gesamten täglich zu walzenden Bodenmenge und der Leistungsfähigkeit einer Walze.

Die Gerätekosten werden wie üblich berechnet, wobei das in Kapitel 15 Gesagte zu berücksichtigen ist. Die für die Berechnung der Transportkosten erforderlichen Gewichte von Walzen können aus untenstehender Tabelle entnommen werden. Die Installationskosten sind gering. Man kann rechnen für Herrichten und nach Baubeendigung für den Abtransport Vorbereiten einer

Motorwalze 20—30 Arb.-Std.

Die Betriebskosten setzen sich zusammen aus den Löhnen des Walzenführers (mit $^1/_4$ Zuschlag, siehe S. 22) nebst 1—2 Arbeitern zur Hilfsleistung und den Kosten für Verbrauchsstoffe, deren Höhe auf Grund der in nachstehender Tabelle enthaltenen Walzenstärken und der Angaben in Kapitel 5 berechnet werden kann.

Motorwalzen:

Dienstgewicht mit Ballast . . . . . . t	3	4	5	6
Leergewicht . . . . rund t	2,5	3,5	4,5	5,5
Motorleistung. . . . . PS	8/12	8/12	10/14	10/14
Fahrgeschwindigkeit. . . . km/Std.	2—5	2—5	2—5	2—5

Die **Leistung** einer Walze ermittelt man am besten derart, daß man auf Grund von Erfahrungen feststellt, wieviel Walzen in dem besonderen Falle erforderlich sein werden, um die antransportierten Bodenmengen zu verarbeiten, oder aber, welche Fläche eine Walze in der Stunde abwalzen kann. Ganz angenähert wird man für eine 5-t-Walze bei den vier verschiedenen Bodenarten ungefähr mit folgenden Leistungen rechnen können:

1. Leichter Boden . . . . 30 cbm gewalzter Boden/Std.
2. Mittelschwerer Boden . . . . . 20 „ „ „
3. Schwerer Boden . . . . 15 „ „ „
4. Sehr schwerer Boden . . . . . 10 „ „ „

Sowohl bei der Berechnung der Kosten, als auch bei der Disposition der Arbeit hat man wohl zu berücksichtigen, daß bei Regenwetter nicht gewalzt werden kann.

7. Felsarbeiten.

Die Betrachtungen des vorhergehenden Kapitels beziehen sich durchweg auf Bodenarten, die noch mit den üblichen Handwerksgeräten, wie Schaufeln, Spaten und Pickel, gelöst werden können. Überschreitet die Bodenfestigkeit aber ein gewisses Maß, so lassen sich diese Geräte nicht mehr vorteilhaft verwenden, und man muß zum Lösen des Bodens Sprengmittel zu Hilfe nehmen. Die Arbeit des Lösens besteht in solchem Falle im Bohren von Löchern, im Laden derselben mit Sprengstoff und im Sprengen der Felsmasse, unterscheidet sich also wesentlich von der entsprechenden Teilarbeit bei Erdbewegungen. Die übrigen Teilarbeiten dagegen stimmen genau mit denjenigen von Erdarbeiten überein, weshalb die in dem vorhergehenden Kapitel gemachten diesbezüglichen Angaben sinngemäß auch auf Felsarbeiten angewandt werden können. Im vorliegenden Kapitel sollen daher auch in der Hauptsache die Kosten des Lösens von Fels besprochen werden.

Wie bei Erdarbeiten, so schwanken auch hier diese Kosten innerhalb sehr weiter Grenzen. Sie setzen sich im wesentlichen zusammen aus den Aufwendungen für das Bohren der Löcher und den Kosten der Sprengstoffe. Zu ihrer Berechnung muß man zunächst wissen, was das Bohren von 1 lfd. m Bohrloch kostet, sodann, wieviel Meter Bohrloch zum Sprengen eines Kubikmeters Fels erforderlich sind, und schließlich, welche Sprengstoffmenge für 1 cbm benötigt wird. Der erste dieser drei Werte wird in der Hauptsache durch die **Härte des Gesteins** bedingt, die beiden anderen durch die örtlichen Verhältnisse und die **Art des Felsens**, d. h. seine Dichtigkeit, Struktur und Lagerung.

Hinsichtlich der **Härte des Gesteins**, d. h. dem Widerstand, den das Gestein dem Bohrer entgegensetzt, kann man folgende vier Felsklassen unterscheiden:

1. **Weicher Fels**: weicher Sandstein, Schiefer, weicher Kalkstein, Kreide usw.

2. **Mittelharter Fels**: Kalk- und Sandstein, Konglomerate, ferner klebriger Fels (wie Mergel, weicher Schiefer) usw.

3. **Harter Fels**: harter Kalkstein, Granit, Gneis, starkklebriger Fels usw.

4. **Sehr harter Fels**: harter Granit und Gneis, Basalt, Quarz, Syenit, kristallinischer Schiefer usw.

Was die **Sprengbarkeit** des Felsens anbetrifft, so unterscheidet man zwischen

leicht schießbarem Fels: zerrissener und zerklüfteter Fels und weiches Gestein,

mittelschwer schießbarem Fels: kompakter Fels in schwachen Bänken, geschichteter Fels,

schwer schießbarem Fels: dichter Fels in starken Bänken ohne Schichtung und hartes Gestein.

Wie bei den Erdarbeiten gelten auch hier sämtliche Zahlenwerte für den Kubikmeter Fels in **gewachsenem Zustand**. Die Volumenvergrößerung infolge des Lösens, d. h. das Auflockerungsmaß, beträgt bei Fels je nach Art, Härte und Schichtung 40—70%, so daß also 1 cbm Fels etwa 1,4—1,7 cbm Sprengtrümmer ergibt.

Im Gegensatz zu den Arbeiten in weicheren Bodenmassen läßt sich im Fels das Ausschachtungsprofil nie ganz genau herstellen, und man hat stets mit einem kleineren oder größeren **Mehrausbruch zu rechnen**. Dieser beträgt — einigermaßen geübte Arbeiter vorausgesetzt —, je nachdem die Löcher angesetzt werden können, in kompaktem Fels ungefähr 5—10 cm, in zerklüftetem und zerrissenem Fels etwa 15—20 cm. Dieser Mehrausbruch spielt bei großen Baugruben natürlich keine Rolle, bei kleinen Ausbruchsquerschnitten dagegen, wie bei Stollen, schmalen Kanälen usw., kann er einen wesentlichen Prozentsatz der ganzen auszusprengenden Masse darstellen und darf dann natürlich nicht außer acht gelassen werden.

Wenn sich von vornherein erkennen läßt, daß die auszuhebenden Felsmassen in verschiedenen Tiefen oder an verschiedenen Stellen verschiedene Härte, Struktur und Schichtung besitzen, oder auch, daß zwischen den Felspartien Erdmassen eingelagert sind, so müssen unter möglichst genauer Bestimmung der Teilmengen die Kosten für diese verschiedenen Bodenarten getrennt voneinander berechnet und auf Grund dieser Werte ein Durchschnittspreis für die ganze Masse ermittelt werden.

1. Bedarf an Baugeräten.

Bei Bestimmung der für eine Felsarbeit erforderlichen Baugeräte hat man zu unterscheiden zwischen Handarbeit und maschineller Bohrung. Im ersten Falle werden an Baugeräten nur die zum Abtransport der Sprengtrümmer erforderlichen Gleise, Wagen usw. benötigt, über deren Größe und Umfang in Kapitel 6 alle näheren Angaben gemacht worden sind. Mit Rücksicht auf den starken Verschleiß der Wagen durch das Steinmaterial ist hier jedoch ein etwas höherer Prozentsatz für Reservegeräte zu rechnen wie dort, nämlich etwa 25%.

Bei Herstellung der Bohrlöcher auf maschinellem Wege kommen zu den Transportgeräten noch die zur Erzeugung der Bohrkraft erforderlichen maschinellen Einrichtungen und die Bohrmaschinen oder Bohrhämmer einschließlich Leitungen hinzu. Die Größe und Art der Kraftanlage richten sich natürlich ganz nach der Anzahl der in Betrieb zu setzenden Bohrmaschinen oder Hämmer, sowie nach der Art derselben, d. h. danach, ob sie durch Dampf, Elektrizität oder Druckluft angetrieben werden.

Im Tiefbau gelangen heutzutage in der Hauptsache Druckluftbohrhämmer zur Anwendung. Dampfbohrer sind fast gänzlich verschwunden, und elektrisch betriebene Hämmer und Maschinen werden nur dann benutzt, wenn elektrische Kraft billig erhalten werden kann und außerdem die Leitungen ohne Schwierigkeit und sicher gegen Zerstörung durch fallende Sprengtrümmer geschützt werden können. Im allgemeinen besteht daher die Kraftanlage aus Kompressoren mit Luftkessel und Druckluftleitungen, einer Kühlwasserpumpe mit Leitungen und Behälter, sowie den Antriebsmaschinen. Für kleinere Arbeiten werden meist fahrbare Anlagen, bestehend aus Kompressor mit Elektro- oder Verbrennungsmotor nebst Zubehör, verwandt; bei großen Betrieben ist die Anlage stationär und wird in der Regel aus ihren Einzelteilen zusammengestellt.

Die Anzahl der erforderlichen Bohrhämmer oder Bohrmaschinen wird bestimmt erstens durch die gemäß Bauprogramm täglich oder stündlich zu fördernde Felsmasse, ferner die Leistungsfähigkeit eines Bohrgerätes und schließlich die zum Sprengen eines Kubikmeters Fels erforderliche Bohrlochlänge, wobei stets zu prüfen ist, ob nicht etwa die Zahl der gleichzeitig arbeitenden Bohrer durch die Örtlichkeit begrenzt wird.

Zur Dimensionierung einer Druckluftanlage mögen folgende Angaben dienen:

Ein Bohrhammer, wie er zum Bohren von Fels im Tiefbau im allgemeinen verwandt wird, benötigt in neuem Zustande rund 1 cbm, in gebrauchtem 1,2—,13 cbm angesaugte Luft in der Minute bei etwa 5—6 Atm. Überdruck. Steigt der Luftverbrauch noch weiter, so arbeitet der Hammer unwirtschaftlich und sollte repariert oder durch einen neuen ersetzt werden.

Mit Rücksicht auf den Druckverlust in den Leitungen müssen je nach deren Länge am Windkessel 6—7 Atm. vorhanden sein, also ein höherer Druck als am Hammer. Ein größerer Druckabfall als ca. 1 Atm. sollte jedoch nach Möglichkeit vermieden werden, da die Kosten des Bohrbetriebes sonst unverhältnismäßig rasch steigen. Zur Erzielung dieses Druckes sind, wie aus folgender Aufstellung ersichtlich, für jeden minutlich angesaugten Kubikmeter Luft etwa 6—7 PS erforderlich. Aus der Anzahl der gleichzeitig arbeitenden Bohrhämmer und dem Luftverbrauch eines Hammers findet man die erforderliche Kompressorgröße sowie den Kraftbedarf.

Normalsaugleistung . . . . . cbm/Min.	3	4,5	6	9	12	15
Gewicht des Kompressors . . . t	1,5	2,2	3,0	4,0	5,0	7,0
Kraftbedarf bei 6—7 Atm. Überdruck . . . . PS	20	30	40	60	80	100
Kühlwasserverbrauch . . . . l/Min.	10	15	20	30	40	50
Durchmesser der Druckleitung mm	60	70	80	90	100	125

Im allgemeinen werden natürlich nie alle Bohrhämmer gleichzeitig ununterbrochen arbeiten, sondern es werden, besonders beim Bohren vieler kleiner Löcher und bei hartem Gestein, häufig wiederkehrende Pausen durch das Umsetzen der Bohrgeräte, die Inangriffnahme neuer Löcher und das Auswechseln der Bohrer entstehen. Der durchschnittliche Luft- und somit auch Kraftbedarf ist daher geringer als oben angegeben. Man wird jedoch gut tun, sowohl bei der Dimensionierung der Kraftanlage als auch bei der Berechnung der Betriebskosten hierauf kein allzu großes Gewicht zu legen; es empfiehlt sich im Gegenteil, die Kraftanlage stets reichlich groß vorzusehen, damit jederzeit noch weitere etwa erforderliche Bohrhämmer angeschlossen werden können.

Bei der Dimensionierung der Wasserpumpe hat man außer auf den Bedarf an Kühlwasser für die Kompressoren unter Umständen auch auf den Bedarf an Speisewasser für Dampfmaschinen Rücksicht zu nehmen. Der Kühlwasserbedarf ist natürlich von der Wassertemperatur abhängig, er beträgt durchschnittlich 200 l/Std. und Kubikmeter minutlich angesaugte Luft.

Die Luftleitungen müssen auf Grund der zu fördernden Luftmenge dimensioniert werden. Bei langen Leitungen wählt man den Querschnitt zu Anfang etwas größer als am Ende. Im allgemeinen wird die Hauptleitung einen Durchmesser von 70—125 mm haben, während die Stärke der Zweigleitungen sich nach der Anzahl der daran hängenden Bohrhämmer richten wird und geringer sein kann.

2. Gerätekosten.

Diese setzen sich aus den üblichen vier Teilbeträgen zusammen, über die in Kapitel 15 Näheres gesagt ist.

Für die Berechnung der Installationskosten mögen folgende Daten dienen. Es erfordert:

Aufstellen und Abbrechen eines Kompressors einschließlich
Rohrleitungen, Windkessel und Kühlwasserleitungen . 50 Std./t
Legen und Wiederaufnehmen von Druckluftleitungen . . 0,5—1,0 Std./lfd. m

Über die Kosten des Gleislegens siehe S. 32 und 46.

Die zur Berechnung der Transportkosten erforderlichen Gewichte können aus obiger Tabelle und den Zusammenstellungen für Antriebsmaschinen auf S. 21 entnommen werden.

Zur Berechnung der Kosten, die aus der eigentlichen Felsarbeit entstehen, mögen die folgenden Angaben dienen.

3. Bohren der Sprenglöcher.

Hier ist zu unterscheiden zwischen Handbohrung und maschineller Bohrung.

a) Handbohrung. Zur Herstellung von Sprenglöchern werden entweder Schlagbohrer oder Fall- bzw. Stoßbohrer benutzt, seltener, und zwar nur bei weichem Gestein, Bohrknarren. Während man mit den ersten und den letzten Werkzeugen Bohrlöcher von beliebiger Richtung herstellen kann, eignen sich die Stoßbohrer nur für abwärts gerichtete Löcher, und zwar lassen sie sich der Führung wegen auch erst von etwa $^1/_2$ m Bohrlochtiefe an verwenden.

Der Arbeitsaufwand, der zur Herstellung von 1 m Bohrloch von 25—35 mm Durchmesser in den verschiedenen Gesteinsarten erforderlich ist, beträgt durchschnittlich:

1. Weicher Fels . . . . .   4— 6 Mineur-Std.
2. Mittelharter Fels . . . .   6—10   ,,
3. Harter Fels . . . . . .   10—15   ,,
4. Sehr harter Fels . . . .   15—25   ,,

Die kleinen Zahlen gelten hierbei jeweils für kurze und senkrecht abwärts geschlagene Löcher, die großen für aufwärts gerichtete sowie für tiefe Löcher. Für Bohrlöcher von über 2 m Tiefe und größerem Durchmesser, die aber selten vorkommen, sind obige Höchstwerte noch zu erhöhen. Bei Berechnung der Kosten hat man also außer auf die Gesteinsart auch stets auf die vorherrschende Länge und Richtung, sowie auf die Stärke der Löcher zu achten.

Beim Arbeiten in Stollen oder tiefen, engen Baugruben sind obige Werte durchweg zu erhöhen, und zwar bis 30%, um der an solchen Arbeitsstellen stets geringeren Leistungsfähigkeit der Arbeiter Rechnung zu tragen.

b) Maschinelle Bohrung. Die Kosten, die bei maschineller Bohrung entstehen, setzen sich zusammen aus den Löhnen für die Bedienung der Bohrhämmer oder Bohrmaschinen und den Betriebskosten der Kraftanlage. Die Summe dieser Kosten durch die Leistung dividiert, ergibt den Preis für 1 lfd. m Bohrloch.

Druckluftbohrhämmer, die, wie bereits erwähnt, heutzutage am häufigsten verwandt werden, erfordern als Bedienung einen Mineur und unter Umständen noch einen zweiten Mann zur Hilfeleistung, der aber, wenn nicht gerade schwierige örtliche Verhältnisse vorliegen, gleichzeitig an mehreren (2—4) Hämmern helfen kann. Bei langen Leitungen ist meist noch ein Leitungswächter erforderlich. Hinsichtlich der Kosten der Kraftanlage siehe das in Kapitel 5, S. 22, Gesagte. Werden von der Maschinenanlage noch andere Baumaschinen angetrieben, wie dies z. B. im Tunnelbau meist der Fall ist (Ventilatoren), so ist von den Betriebskosten hier natürlich nur der entsprechende Anteil in die Berechnung einzuführen.

Die Leistung eines Bohrhammers beträgt bei ununterbrochenem Betrieb, d. h., wenn nur die kleinen durch das Auswechseln von Bohrern und Ansetzen an neue Löcher entstehenden Pausen berücksichtigt werden:

1. Weicher Fels . . . . . .   4—5 lfd. m/Std.
2. Mittelharter Fels . . . .   2—3   ,,
3. Harter Fels . . . .   1—2   ,,
4. Sehr harter Fels . . . .   0,5—1   ,,

Hierbei sind Bohrlöcher von 25—50 mm Durchmesser und bis zu einer Tiefe von 2 m angenommen. Bei größerer Tiefe verringert sich die Leistung rasch. Im Gegensatz zu der Handbohrung hat hier die Richtung der Löcher auf die Leistung keinen wesentlichen Einfluß, doch ist sie natürlich bei senkrecht abwärts gebohrten Löchern auch immer etwas größer als bei anders gerichteten Löchern.

Außer den obengenannten kleinen Pausen erleidet der Betrieb aber noch weitere Unterbrechungen, und zwar durch Laden der Bohrlöcher, Sprengen, Wegräumen der Sprengtrümmer, Neulegen der Druckluftleitungen usw. Die Gesamtdauer aller dieser Unterbrechungen hängt von der Art des Arbeitsganges, vor allem der Anzahl Abschüsse in der Schicht, und von der Örtlichkeit ab. Es empfiehlt sich in jedem Falle, diese Zeit, während der das Bohren ruht, auf Grund von Erfahrungen möglichst genau zu bestimmen und danach denjenigen Prozentsatz der ganzen Schichtdauer zu berechnen, während der tatsächlich gebohrt wird; diesem Satze entsprechend ist sodann die durchschnittliche Stundenleistung eines Bohrhammers zu verringern.

Man kann annehmen, daß unter normalen Verhältnissen in einer achtstündigen Schicht nur an etwa 6 Stunden tatsächlich gebohrt werden kann, so daß also nur 75% obiger Leistungswerte gerechnet werden dürfen.

Bei Arbeiten in engen Stollen und Baugruben muß die Leistung, wie bei Handbohrung, mit Rücksicht auf die beschränkten örtlichen Verhältnisse noch weiter ermäßigt werden. Wird nur einmal, und zwar am Ende der Schicht abgeschossen, wie dies z. B. in Steinbrüchen meist der Fall ist, so kann man dagegen mit einem etwas höheren Satz rechnen.

Auf die Höhe der Betriebskosten von Druckluftanlagen haben diese Unterbrechungen nur einen untergeordneten Einfluß, da sie lediglich den Kraftbedarf verringern; die Löhne der Bedienungsmannschaft bleiben hiervon natürlich unbeeinflußt. Aus diesem Grunde empfiehlt es sich, bei Berechnung der Betriebskosten diese Unterbrechungen nicht zu berücksichtigen, sondern anzunehmen, daß alle Hämmer ständig in Betrieb sein werden.

4. Erforderliche Bohrlochlänge.

Die zum Sprengen eines Kubikmeters Felsen erforderliche Summe der einzelnen Bohrlochlängen kann je nach der Form der auszusprengenden Felspartie, den örtlichen Verhältnissen und der Felsart innerhalb weiter Grenzen schwanken und muß deshalb im allgemeinen von Fall zu Fall neu ermittelt werden. Zu diesem Zwecke vergegenwärtigt man sich am besten, in welcher Anzahl und Richtung die Löcher zur Herstellung des geforderten Ausschachtungsprofils und mit Rücksicht auf die Art des Felsens am zweckmäßigsten angesetzt werden, welche Länge sie haben müssen und welche Felsmasse dann entweder mit einem Schuß oder einer Schußgruppe gelöst werden kann.

Die für die verschiedenen Verhältnisse vorteilhafteste Tiefe und Anordnung der Löcher läßt sich nur auf Grund praktischer Erfahrung im voraus angeben und kann häufig auch erst an Hand von Versuchssprengungen genau bestimmt werden, weshalb die erforderliche Bohrlochlänge stets bis zu einem gewissen Grade geschätzt werden muß.

Natürlich wird man die Löcher, wenn irgend möglich, d. h., wenn die örtlichen Verhältnisse bzw. die Lagerung des Felsens keine andere

Richtung fordern, **parallel** zur Ansichtsfläche der abzusprengenden Felspartie bohren, da in diesem Falle die Sprengwirkung am größten ist. Für diesen Fall kann als Anhalt dienen, daß bei einer Bohrlochtiefe t die Entfernung des Loches von der Ansichtsfläche der Wand $t - \frac{3}{4}\,t$ und die Distanz zwischen den Bohrlöchern ungefähr $1\frac{1}{4} - 1\frac{1}{2}\,t$ betragen sollen.

Handelt es sich um das Aussprengen eines bestimmten Profils, z. B. eines Kanals oder Tunnels, so ist zu der nach Vorstehendem ermittelten Bohrlochlänge stets noch ein Zuschlag für die unvermeidlichen Putzarbeiten zu machen, die nicht selten eine größere Anzahl kurzer Sprenglöcher erfordern. Da mit diesen natürlich jeweils nur eine geringe Gesteinsmenge gelöst werden kann, erhöht ihre Summe die für 1 cbm Fels erforderliche Bohrlochlänge unter Umständen ganz wesentlich.

Bei Sprengarbeiten an offener Wand, z. B. bei großen Felseinschnitten, bei denen die Löcher in ziemlich weiten Abständen angesetzt werden können, werden sich unter den Sprengtrümmern häufig größere Felsstücke befinden, die durch weitere Schüsse noch zerkleinert werden müssen. Auch dies ist bei Bestimmung der erforderlichen Bohrlochlänge zu beachten.

Schließlich sei noch auf die sogenannten „Pfeifen", d. h. die außerhalb des Wirkungsbereiches der Sprengung stehenbleibenden hinteren Enden der Sprenglöcher aufmerksam gemacht. Diese treten bei denjenigen Sprengungen fast regelmäßig auf, bei denen die Löcher **senkrecht** zur Ansichtsfläche der abzusprengenden Felspartie gebohrt werden müssen, also z. B. beim Stollenvortrieb. Man kann rechnen, daß die stehenbleibenden Bohrlochenden durchschnittlich etwa $\frac{1}{10}$ der ganzen Bohrlochtiefe betragen werden, und daß die zum Sprengen eines Kubikmeters ermittelte Bohrlochlänge hier somit noch um ca. 10 % erhöht werden muß.

Die nachstehende Tabelle enthält Durchschnittswerte von Bohrlochlängen, die zum Sprengen eines Kubikmeters Felsen unter den verschiedenen Verhältnissen etwa erforderlich sein werden.

Bohrlochlängen	Leicht schießbarer Fels	Mittelschwer schießbarer Fels	Schwer schießbarer Fels
Steinbrüche . . . . lfd. m/cbm	0,2	0,3	0,4
Offene Wände . . . . „	0,3	0,5	0,7
Große Baugruben, Tunnelausweitung „	0,7	1,0	1,5
Enge Baugruben, Schlitze u. Kanäle „	1,4	2,0	3,0
Stollen und flache Gräben . . . . „	2,0	3,5	5,0
Einzelne Felsstücke (im Durchschnitt) „	—	0,4	0,5

Aus der Höhe der Betriebskosten, der Anzahl der im Betrieb befindlichen Bohrer, der durchschnittlichen Leistung eines Bohrers und der zum Sprengen eines Kubikmeters Felsen erforderlichen Bohrlochlänge findet man schließlich die Kosten, die das Bohren der Löcher für einen Kubikmeter Fels verursacht.

5. Bedarf an Sprengmaterialien.

Unter Sprengmaterialien sind nicht nur die eigentlichen Sprengstoffe, d. h. Pulver, Dynamit usw. zu verstehen, sondern auch die Sprengkapseln und Zündschnüre. Pulver findet heutzutage eigentlich nur noch in Steinbrüchen Verwendung, in denen die Gewinnung großer Sprengtrümmer zur Herstellung von Bausteinen Zweck der Sprengung ist. Wird mit einer Sprengung aber eine möglichst weitgehende Zerkleinerung des Felsens angestrebt, wie dies im Tiefbau in der Regel der Fall ist, so verwendet man besser brisante Sprengstoffe, d. h. Dynamit oder Sicherheitssprengstoffe, und zwar wählt man das Sprengmaterial um so schlagkräftiger (brisanter), je dichter und härter der zu sprengende Fels ist, und je mehr die auszusprengende Masse von Fels umschlossen ist.

Die zum Sprengen eines Kubikmeters Felsen erforderliche Sprengstoffmenge ist natürlich ganz von der Art des Felsens und der Form der auszusprengenden Felspartie abhängig, außerdem aber auch noch von der Güte des Sprengmaterials. Man kann diese Menge aus der zum Sprengen notwendigen Bohrlochlänge, der Ladetiefe eines Bohrloches (im allgemeinen 0,3—0,4 der Bohrlochtiefe) und dem Gewicht von 1 m Sprengladung berechnen, doch legt man der Kalkulation besser Erfahrungswerte zugrunde, wie sie z. B. in nachstehender Tabelle enthalten sind. Die Zahlen dieser Tabelle sind aber, wie die obigen, auch nur als Durchschnittswerte für den Sprengstoffbedarf zum Sprengen von 1 cbm Felsmasse anzusehen, und zwar gelten sie für einen für die betreffende Felsart geeigneten Sprengstoff.

Sprengstoffbedarf	Leicht schießbarer Fels	Mittelschwer schießbarer Fels	Schwer schießbarer Fels
Steinbrüche . . . . kg/cbm	0,15	0,2	0,3
Offene Wände. . . . . „	0,2	0,3	0,5
Große Baugruben, Tunnelausweitung . „	0,4	0,6	1,0
Enge Baugruben, Schlitze und Kanäle „	0,8	1,2	2,0
Stollen und flache Gräben . . . . . „	1,5	2,5	4,0
Einzelne Felsstücke (im Durchschnitt) „	—	0,2	0,4

An Kapseln kann man für jedes Sprengloch ein Stück rechnen, und an Zündschnur durchschnittlich 1,50 m pro Loch, in besonderen Fällen auch mehr. Die Kosten, die aus dem Verbrauch von Kapseln und Zündschnur entstehen, betragen im allgemeinen ungefähr 15—20% der Sprengstoffkosten. Handelt es sich um große Ladungen, so werden die Kosten geringer sein, beim Lösen vieler kleiner Schüsse dagegen können sie die größere dieser beiden Zahlen auch noch übersteigen.

6. Verbrauch an Handwerkszeug.

Die Kosten, die aus dem Verschleiß und Verlust von Hämmern, Pickeln und anderen Handwerksgeräten entstehen, berücksichtigt man (s. S. 145) am besten durch einen prozentualen Zuschlag zu den Löhnen, der hier aber höher als bei Erdarbeiten angesetzt werden muß, und zwar mit etwa 5%.

Die aus dem Verbrauch der Bohrhämmer nebst zugehörigen Schläuchen entstehenden Kosten dagegen berechnet man, obgleich sie auch verhältnismäßig niedrig sein werden, besser für sich. Hierbei kann man annehmen, daß ein Bohrhammer eine Lebensdauer von etwa

³/₄ Jahren (Betriebszeit) hat, und daß die Kosten der während dieser Zeit erforderlichen Reparaturen und Ersatzteile ungefähr dem Altwert gleichkommen werden. Außerdem kann man annehmen, daß während dieser Zeit etwa drei Schläuche von je 15 m Länge verbraucht werden. Zur Berechnung der Verbrauchskosten für 1 lfd. m Bohrloch hat man also den Neuwert eines Hammers zuzüglich des Neuwertes von rund 50 m Schlauch durch etwa 200 Arbeitstage und die durchschnittliche tägliche Leistung des Hammers, in laufenden Metern Bohrloch ausgedrückt, zu dividieren.

Die Kosten des Verbrauchs an Bohrerstahl werden gegenüber den anderen Aufwendungen gleichfalls stets gering sein. Bei weichem und mittelhartem Fels kann man mit etwa 0,05—0,10 kg/lfd. m, bei hartem und sehr hartem Gestein mit etwa 0,2—0,3 kg/lfd. m Bohrloch rechnen.

7. Schärfen und Schweißen der Bohrer.

Auch die aus diesen Arbeiten erwachsenden Kosten haben keinen wesentlichen Einfluß auf den Gesamtpreis der Arbeit. Man kann annehmen, daß für Schärfen und Schweißen von Bohrern, sowie Transportieren derselben zur Schmiede und zur Arbeitsstelle zurück folgender Arbeitsaufwand, für 1 lfd. m Bohrloch gerechnet, entstehen wird:

bei weichem und mittelhartem Gestein . 0,10 Schmiede-Std. + 0,2 Arb.-Std.
„ hartem Gestein 0,15   „   + 0,4   „
„ sehr hartem Gestein 0,20   „   + 0,6   „

Hierbei ist angenommen, daß bei Handbohrung das Schärfen und Schweißen von Hand, bei Maschinenbohrung jedoch auf maschinellem Wege erfolgt.

8. Laden der Sprengtrümmer.

Die Kosten dieser Teilarbeit sind abhängig von der Größe der Sprengtrümmer, dem Umfange, in dem sie sich bei der Sprengung von der Felswand gelöst haben, und davon, wie oft sie noch bewegt werden müssen, bis sie in die Fördergefäße gelangen. Die Härte des Gesteins hat hierbei keinen wesentlichen Einfluß, dagegen sind die Kosten um so niedriger, je mehr sich das Maß der Sprengtrümmer derjenigen Größe eines Steines nähert, der von einem Mann noch bequem gehoben werden kann.

Haben die Sprengtrümmer ungefähr dieses Maß, oder lassen sie sich mit wenigen Hammerschlägen leicht auf diese Größe zerkleinern, und sind außerdem nur ganz wenige Sprengtrümmer an der Felswand hängengeblieben, die sich leicht von dieser lösen lassen, so kann man durchschnittlich rechnen:

Fels laden 1,5—1,8 Arb.-Std./cbm.

Von diesen Zahlen gilt die erste für niedrige, die letzte für hohe Wagen. Ferner ist Arbeit im Freien angenommen und außerdem vorausgesetzt, daß die Sprengtrümmer von Gleishöhe aus mit einem Wurf in das Transportgerät befördert werden können. Können die Sprengtrümmer von oben herunter geworfen werden, so verringert sich dieser

Arbeitsaufwand etwas, müssen sie dagegen von unten herauf geladen werden, so wird er sich um etwa 0,2—0,5 Arb.-Std. erhöhen. Handelt es sich um Arbeiten in engen Stollen oder engen Baugruben, so sind zu obigen Werten je nach den Verhältnissen bis 30% zuzuschlagen.

Wenn die Sprengtrümmer teilweise zu groß sind, um bequem geladen werden zu können, und erst noch mittels Hämmern oder Keilen zerkleinert werden müssen, so erhöhen sich die Ladekosten je nach den Umständen und dem Umfange dieser Arbeit, und zwar auch bis 30% obigen Betrages. Dies kommt besonders beim Sprengen an offener Wand und bei zerklüftetem Gestein in Frage.

Muß ein Teil der gesprengten Felsmasse noch mittels Pickeln oder Brechstangen von der Felswand gelöst werden, wie dies vorkommen kann, wenn die Sprenglöcher aus irgendeinem Grund nur schwach geladen werden dürfen und der Fels durch die Sprengung nicht zertrümmert, sondern nur zerrissen wird, oder auch, wenn beim Abteufen von Schächten u. dgl. die Sprengtrümmer auf der Sprengstelle liegen bleiben, so sind die Ladekosten gleichfalls zu erhöhen, und zwar unter Umständen bis auf das Doppelte obiger Werte.

Können die Sprengtrümmer nicht direkt in die Transportgeräte geladen werden, sondern müssen sie mehrmals geworfen oder an diese herangetragen werden, so kann man für jede 2 m (die größte Wurfweite) nochmals den Betrag von 1,5 Arb.-Std./cbm Fels rechnen.

Bei größeren Felsarbeiten lohnt es sich meist, die Sprengtrümmer maschinell, d. h. mittels Greif- oder Löffelbagger zu laden. In solchen Fällen lassen sich die Ladekosten — das Lösen muß auch hier getrennt behandelt werden — auf Grund der in dem vorhergehenden Kapitel gemachten Angaben berechnen.

9. Transportieren und Kippen der Sprengtrümmer.

Die Transportkosten ergeben sich bei Felsarbeiten für die verschiedenen Transportarten in ganz gleicher Weise, wie dies in Kapitel 6 für Erde beschrieben wurde, man hat lediglich auf das besondere Auflockerungsmaß des Felsens zu achten (S. 74).

Auch die Kippkosten ermittelt man wie bei den Erdarbeiten, wobei man Fels unter „mittelschwer kippbaren Boden" einreihen und somit 0,25—0,35 Arb.-Std./cbm rechnen kann.

Wird der Boden in nicht kippbaren Wagen transportiert, wie dies im Tunnelbau häufig der Fall ist, so hat man für das Entladen der Sprengtrümmer, da diese dann in der Hauptsache ausgeschaufelt werden müssen, einen höheren Betrag zu rechnen, und zwar 0,8 bis 1,0 Arb.-Std./cbm gewachsenen Fels.

Die Kosten des eventuell erforderlichen Aufstapelns der Sprengtrümmer sind hierin natürlich nicht enthalten, diese werden noch weitere etwa 1,5 Arb.-Std./cbm ausmachen.

10. Aufsicht.

Die Aufsichtskosten lassen sich, wie üblich, aus der Größe der Arbeitskolonne berechnen. Die Zahl der Arbeiter, die bei Fels-

arbeiten einem Aufseher unterstellt sind, richtet sich ganz nach den
jeweiligen Verhältnissen, in der Regel ist sie kleiner als bei Erdarbeiten. Die Aufsichtskosten werden daher im allgemeinen etwa
7—12% der Löhne ausmachen.

8. Rammarbeiten.

Rammarbeiten kommen im Ingenieurbau in Frage sowohl bei Ausführung endgültiger Bauwerksteile, wie Pfahlroste, Fundamentsiche-
rungen u. dgl., als auch bei Herstellung provisorischer Anlagen, d. h.
Gerüste, Baugrubenumschließungen usw.

Die Kosten von Rammarbeiten kann man bei Spundwänden entweder für den laufenden Meter oder den Quadratmeter Wand berechnen,
bei Pfählen entweder für das Stück oder den laufenden Meter Pfahl.
Im allgemeinen empfiehlt es sich, der Berechnung die ersten Einheiten,
d. h. laufenden Meter Wand und Stück Pfahl zugrunde zu legen, da
erstens die Kosten für mehrere Teilarbeiten, wie Herrichten und Abschneiden der Spundbohlen und Pfähle, Herstellen von Rammgerüsten
usw. stets für diese Einheit berechnet werden, und da zweitens bei der Bezeichnung Quadratmeter Spundwand und laufender Meter Pfahl immer
Zweifel darüber bestehen, ob dieses Maß sich auf die ganze Wand bzw.
den ganzen Pfahl bezieht, wie sie zur Anlieferung gelangen, oder auf
den abgeschnittenen Zustand oder aber auf die in den Boden einge-
rammten Teile. Berechnet man die Kosten für den laufenden Meter
Wand bzw. für einen Pfahl, so muß man allerdings die Kosten der
eigentlichen Rammarbeit, die man zweckmäßigerweise für den Quadratmeter bzw. den laufenden Meter ermittelt, umrechnen, was aber keine
Schwierigkeit bereitet, da man die durchschnittliche Rammtiefe ohnedies zur Beurteilung der voraussichtlichen Rammleistung und meist
auch zur Berechnung der Baustoffkosten benötigt.

1. Bedarf an Baugeräten.

Je nach den Abmessungen der zu rammenden Spundbohlen und
Pfähle gelangen kleinere oder größere Rammen zur Anwendung, und
zwar entweder Handrammen und Handzugrammen oder maschinell
betriebene Rammen. Die Größe der Ramme und ihr Bärgewicht
haben sich ganz nach der Art der auszuführenden Arbeit, der Länge
und dem Gewicht der Pfähle bzw. Spundbohlen und dem Bodenwider-
stand zu richten, die erforderliche Anzahl ergibt sich aus dem Bauprogramm, d. h. aus dem täglich geforderten Arbeitsumfang und der
täglichen Leistung einer Ramme.

Beim Rammen auf dem Wasser werden, falls nicht von festen
Gerüsten aus gearbeitet werden soll, außer den Rammen noch die für
diese erforderlichen Fahrzeuge benötigt.

2. Gerätekosten.

Über die Gerätekosten siehe zunächst Kapitel 15. Im weiteren
seien noch folgende Angaben zur Berechnung dieser Kosten gemacht.

Der Ermittlung der Transportkosten können, falls keine genauen Angaben über die Gewichte von Rammen zur Verfügung stehen, folgende Durchschnittswerte zugrunde gelegt werden:

Bärgewicht . . . . kg	500	800	1000	1250	1500	2000	2500	4000
Dampfbärrammen mit drehbarem Unterwagen . . . . t	8	10	13	16	19	26	28	40
Ketten- und Seilrammen mit einfachem Unterwagen und Dampfantrieb . . . . t	—	7	9	12	15	20	—	—
Ketten- und Seilrammen mit einfachem Unterwagen und Antrieb durch Elektromotor oder Verbrennungsmotor (ohne Motor) . . . . t	—	5	7	10	12	15	—	—

Unter Umständen muß die fertig montierte Ramme während des Baues auf der Baustelle selber noch transportiert werden, z. B. in eine Baugrube hinunter, über Bäche und sumpfiges Gelände, vom Land aufs Wasser oder umgekehrt. Derartige Transporte muß man, da ihre Kosten ganz von den jeweiligen Verhältnissen abhängen werden, von Fall zu Fall schätzungsweise veranschlagen, und zwar geschieht dies am besten unter Zugrundelegung der voraussichtlich benötigten Zahl von Arbeitskräften und der voraussichtlich erforderlichen Zeit. Diejenigen Kosten aber, die aus den kleinen Verschiebungen und Drehungen der montierten Ramme während des Rammens entstehen, berücksichtigt man besser bei Festsetzung der täglichen Rammleistung.

Für die Berechnung der Installationskosten von Rammen kann man je nach Art der Ramme und je nach dem Aufstellungsort ungefähr annehmen:

Aufstellen und Abbrechen 40—60 Std./t.

3. Kosten der Rammebene.

Bei Arbeiten auf festem Lande sind zur Herstellung der Rammebene lediglich das Planieren des Geländes und das Legen und Wiederaufnehmen des Rammgleises erforderlich, Arbeiten, die stets so gering sein werden, daß die sich hieraus ergebenden Kosten genügend genau geschätzt oder auch ganz vernachlässigt werden können.

Muß dagegen die Ramme auf weichem, sumpfigem Boden oder über seichtem Wasser arbeiten, so erfordert die Herstellung der Rammebene, die dann aus Schwellenrosten oder aus einem je nach den Verhältnissen mehr oder weniger soliden Pfahlgerüst bestehen wird, unter Umständen erhebliche Aufwendungen. Diese setzen sich zusammen aus den Kosten der erforderlichen Baustoffe (Pfähle, Schwellen, Balken usw.) und dem Arbeitslohn für Rammen und Wiederausziehen der Pfähle, Anbringen von Zangen und Schwellen und Abbrechen des Gerüstes.

Die Menge des benötigten, d. h. einmal anzuschaffenden Materials findet man aus den Abmessungen des erforderlichen Gerüstes und dem Arbeitsvorgang (am besten an Hand von Skizzen oder Plänen). Meist kann das Material wiederholt benutzt werden. Die Einheitspreise der Baustoffe ergeben sich aus den Anschaffungskosten abzüglich dem Erlös bei Verkauf des noch vorhandenen Materials nach Baubeendigung, der bei wiederholter Verwendung allerdings meist gering sein wird. Die Pfähle werden mittels Hand- oder Handzugrammen geschlagen; hierüber siehe das unten Gesagte. Über die Kosten des Anbringens und Wiederabbrechens von Zangen usw. siehe Kapitel 11. Für das Ausziehen der Pfähle schließlich kann man im allgemeinen ungefähr $^2/_3$ der Rammkosten rechnen.

Wird die Rammung in tiefem Wasser ausgeführt, so tritt an Stelle der Rammebene ein **Fahrzeug**, gegebenenfalls mit **Holzeinbau**. Für jenes berechnet man die Gerätekosten. wie für die Ramme selber, für diesen ergeben sich die Kosten aus Materialbedarf (unter Berücksichtigung des Altwertes) und der Arbeit für Ein- und Ausbau.

4. Baustoffbedarf und Baustoffkosten.

a) Hölzerne Spundwände und Pfähle. Bei hölzernen Spundwänden und Pfählen legt man der Kostenberechnung die für die Einheit erforderliche Holzmenge zugrunde, die sich bei jenen aus Ansichtsfläche eines laufenden Meters Wand mal Stärke, bei diesen aus mittlerem Querschnitt multipliziert mit der Länge ergibt. Die über die Spundwandfläche vorstehenden Teile der Bund- und Eckpfähle verteilt man hierbei gleichmäßig auf die Ansichtsfläche; die Feder der Spundbohle wird nicht extra berechnet. Hat man für Bohlen und Eck- oder Bundpfähle verschiedene Preise zu berücksichtigen, so trennt man natürlich die betreffenden Mengen, berechnet die beiden Kostenanteile für sich und ermittelt aus ihnen einen Durchschnittspreis für den laufenden Meter Wand. Bei Pfählen soll der Inhalt wie auch der Einheitspreis des Holzes stets für den von der Rinde befreiten Stamm gelten.

Im allgemeinen werden je zwei Spundbohlen zusammen eingerammt. Für die zum Koppeln der Bohlen erforderlichen eisernen **Klammern** kann man ungefähr 0,15—0,30 kg/qm Wand rechnen.

Die Materialkosten der **Kopfringe** können meist vernachlässigt werden, da man die Ringe wiederholt benutzen kann.

Bei hartem Baugrund kommen noch die Kosten für eiserne **Schuhe** hinzu, die nach Gewicht berechnet werden. Für Spundbohlen von 12—22 cm Stärke beträgt dieses je nach den erforderlichen Abmessungen etwa 15—30 kg/lfd. m Wand, für Pfähle von 20—38 cm Durchmesser etwa 15—30 kg/Stück. Bei leichtem Boden können diese Gewichte ermäßigt werden.

b) Eiserne Spundbohlen. Diese werden nach Gewicht bezahlt, weshalb das für den laufenden Meter Wand erforderliche Gewicht der Berechnung zugrunde zu legen ist.

In nachstehender Tabelle sind beispielsweise neben einigen anderen Daten auch die Gewichte der verschiedenen Spundwandeisen **Bauart Larssen** zusammengestellt, d. h. derjenigen Bauart, die in Deutschland heute am häufigsten verwandt wird.

Larssen-Eisen . . . . Profil	I a	I	II	III	IV	V
Bohlenbreite . . . . mm	400	400	400	400	400	420
Wellenlänge . . . . „	800	800	800	800	800	840
Wellenhöhe . . . . „	130	150	200	247	310	344
Gewicht pro lfd. m Eisen . . . kg	33	38	49	62	75	100
Gewicht pro qm Wand . . . „	**82**	**96**	**122**	**155**	**187**	**238**
Widerstandsmoment pro lfd. m Wand . . . . ccm	380	500	849	1363	2037	2962

Bei starken Profilen und langen Bohlen ist des hohen Gewichtes wegen für den Transport der Bohlen vom Lagerplatz zur Verwendungsstelle stets ein genügend hoher Zuschlag zum Anschaffungspreis zu machen. Das gleiche gilt natürlich auch für lange und starke Pfähle aus Holz oder Eisenbeton.

c) Beton- und Eisenbetonpfähle und -spundbohlen. Hier ist zu unterscheiden zwischen Spundbohlen und Pfählen, die zwischen Schalung hergestellt und alsdann gerammt werden, und den sogenannten „Ortpfählen", die durch Einstampfen von Beton in vorbereitete Hohlräume im Boden entstehen.

Bei jenen lassen sich sowohl Baustoffbedarf als auch Arbeit nach den in Kapitel 9, Betonarbeiten, gemachten Angaben ermitteln. Zu berücksichtigen ist hier jedoch außerdem noch, daß die Pfähle und Bohlen in der Regel nach genügender Erhärtung aufgenommen und gestapelt werden müssen, wodurch zusätzliche Kosten entstehen, und zwar erstens Gerätekosten aus der Verwendung der hierfür erforderlichen Transporteinrichtungen, und zweitens Löhne aus der Arbeit des Transportierens und Stapelns.

Die Kosten der Schalung, die zur Herstellung der Pfähle und Bohlen notwendig ist, werden dagegen, falls es sich nicht gerade um kleine Mengen handelt, nicht allzusehr ins Gewicht fallen, da man diese Schalungen stets so ausbildet, daß sie sich ohne große Mühe aufstellen und abbrechen lassen, wodurch der Verschleiß sowie der Arbeitsaufwand auf ein Minimum ermäßigt werden können. Die Anzahl der erforderlichen Schalformen ergibt sich aus Bauprogramm und notwendiger Erhärtungsdauer.

Für die Ortpfähle empfiehlt es sich, da die verschiedenen Bauarten heute noch fast alle durch Patente geschützt sind, die Preise von den betreffenden Patent- oder Lizenzinhabern einzuholen.

d) Abmessungen von Spundbohlen und Pfählen. Die Länge der Spundbohlen und Pfähle wird bestimmt durch die örtlichen Verhältnisse, vor allem die Art des Baugrundes und den höchsten während der Bauausführung zu erwartenden Wasserstand, sowie durch den Zweck, dem Spundwände bzw. Pfähle dienen sollen. Der Berechnung der Materialkosten ist natürlich stets die ganze Länge der Bohlen und Pfähle zugrunde zu legen, auch wenn der Verdingungsanschlag eine geringere, z. B. um das aus dem Wasser herausragende Stück gekürzte Länge vorsieht.

Die Stärke der Bohlen und Pfähle ist bis zu einem gewissen Grade eine Funktion der Länge, doch sind bei ihrer Festsetzung stets auch Art des Untergrundes, sowie die während des Baues oder nach dessen Beendigung auftretenden Beanspruchungen infolge senkrechter oder seitlicher Kräfte zu berücksichtigen.

Bei hölzernen Bohlen und Pfählen können die in nachstehender Tabelle enthaltenen Stärken gewählt werden, die genügen dürften, falls nicht gerade besondere Bodenverhältnisse vorliegen oder eine statische Berechnung größere Abmessungen fordern sollte.

Hölzerne Spundbohlen		Hölzerne Pfähle	
Länge	Stärke	Länge	Stärke
m	cm	m	cm
2— 3	8—10	3— 4	16—18
4— 5	12—14	5— 9	20—24
6— 8	16—18	10—14	26—30
9—11	18—20	15—19	32—34
12—14	20—22	20—25	36—38

5. Herrichten der Spundbohlen und Pfähle.

Bei hölzernen Bohlen und Pfählen sind vor dem Rammen verschiedene vorbereitende Arbeiten auszuführen, nämlich Spitzen, Ringen und gegebenenfalls Beschuhen der Bohlen und Pfähle, bei Spundwänden außerdem noch das Verklammern von je zwei gleichzeitig zu rammenden Bohlen und das Bearbeiten von Paßbohlen. Die Aufwendungen hierfür betragen je nach den Abmessungen:

für 1 lfd. m Spundwand . . . 5—8 Zimm.-Std.
„ 1 Pfahl . . . . 1,5—3   „

Bei eisernen Spundwänden kommt als vorbereitende Arbeit das Zusammenziehen zweier Bohlen in Frage, falls diese als Doppelbohlen gerammt werden sollen.

6. Rammen der Spundbohlen und Pfähle.

Die eigentlichen Rammkosten ermittelt man, wie bei andern maschinellen Betrieben, am besten derart, daß man die gesamten stündlichen Aufwendungen des Betriebes berechnet und diese Summe durch die durchschnittliche stündliche Leistung der Ramme dividiert.

Bei Hand- und Handzugrammen ergeben sich diese Aufwendungen einfach aus den Löhnen der Bedienungsmannschaft. Handrammen werden von 2—4 Mann bedient; bei Handzugrammen besteht die Bemannung aus Rammeister und 10—20 Arbeitern, wobei man für je 15—20 kg Bärgewicht einen Mann rechnen kann. Die tägliche Leistung derartiger Rammen ist sehr verschieden und muß von Fall zu Fall auf Grund von Erfahrungen geschätzt werden.

Die Betriebskosten der maschinell betriebenen Rammen setzen sich zusammen aus den Löhnen der Bedienungsmannschaft und den Kosten für Verbrauchsmaterialien. Jene besteht aus Rammeister, Maschinist, Heizer und, je nach Größe und Art der Ramme, 3—5 Arbeitern. Beim Rammen vom Wasser aus kommen noch 1 oder 2 Bootsleute hinzu, je nachdem in ruhigem Wasser oder im Strom gearbeitet wird. Die Löhne von Rammeister, Maschinist und Heizer sind wie gewöhnlich um etwa $^1/_4$ zu erhöhen (s. S. 22). Bei elektrisch betriebenen Rammen kann der Heizer gespart werden.

Der Verbrauch an Betriebsstoffen wie auch an elektrischem Strom schwankt innerhalb weiter Grenzen, da er in hohem Maße von der Art der Rammung beeinflußt wird und besonders auch von der Zahl und Dauer der beim Verschieben der Ramme sowie dem Einsetzen und Richten der Bohlen bzw. Pfähle entstehenden Pausen abhängig ist. An Kohlen werden bei flottgehendem Betrieb und mittleren Verhältnissen ungefähr die in nachstehender Tabelle angeführten Mengen verbraucht werden. Diese Zahlen sind als Durchschnittswerte anzusehen, die je nach den Verhältnissen auch unter- oder überschritten werden können; jenes wird z. B. bei Rammarbeiten mit vielen Pausen der Fall sein, dieses vor allem im Winter und beim Rammen an einer dem Wind ausgesetzten Stelle. Den Verbrauch an Schmier- und Putzmaterial drückt man, wie bei anderen Maschinen, am besten in Prozenten der Kohlenkosten aus.

Bärgewicht . . . . kg	500	800	1000	1250	1500	2000	2500	4000
Stärke der Rammaschine PS	6	7	9	11	13	15	16	20
Bedienungspersonal . . Mann	6	6	7	7	7	8	8	8
außerdem . . . . . „	1—2	1—2	1—2	1—2	1—2	1—2	2	2
(bei schwimmenden Rammen)								
Kohlenverbrauch . . kg/Std.	25	30	35	43	50	60	65	80
Schmier- und Putzmaterial-kosten				i. M. 15 % der Kohlenkosten				

Bei elektrisch betriebenen Rammen muß der Stromverbrauch geschätzt werden, wobei das oben Gesagte und die in vorstehender Tabelle enthaltenen Werte für die Stärke der Rammaschinen als Anhalt dienen können.

Was die stündliche Leistung einer Ramme betrifft, so ist eine ganze Anzahl verschiedener Umstände auf sie von Einfluß. In erster Linie sind es natürlich Art des Bodens und Rammtiefe, sodann aber auch die Abmessungen und die Anordnung der Spundwände bzw. Pfähle, bei Spundwänden außerdem noch Art des Materials (d. h. Holz oder Eisen), ferner die Art der Rammebene und — nicht zuletzt — Größe, Art und Zustand der Ramme. Hindernisse im Boden, wie Steine und Wurzelwerk, ferner weit auseinanderstehende Pfähle oder kompliziert angeordnete Spundwände verursachen kleinere oder größere Unterbrechungen im Rammbetrieb, die die mittlere Leistung in der Betriebsstunde natürlich verringern.

Die Festsetzung der im jeweiligen Falle voraussichtlich erreichbaren Leistung ist daher nicht leicht und muß immer mehr oder weniger geschätzt werden. Den sichersten Aufschluß könnte man sich natürlich auf Grund von Proberammungen verschaffen, doch lassen sich diese in den meisten Fällen mit Rücksicht auf die damit verbundenen hohen Kosten oder den Mangel an Zeit nicht vornehmen. Im allgemeinen wird die Rammleistung aber innerhalb folgender Grenzen schwanken, wobei ein flottgehender Betrieb und das Rammen zusammenhängender Wände oder nahe beisammenstehender Pfähle vorausgesetzt sind.

Spundwände aus Holz oder Beton:

in leichtem Rammboden	2,5—4,0 qm/Std.	
mittelschwerem „	1,5—3,0	„
schwerem „	0,8—1,5	„

Spundwände aus Eisen:

in leichtem Rammboden	3,5—5,0 qm/Std.	
mittelschwerem „	2,5—4,0	„
schwerem „	1,5—3,0	„

Pfähle:

in leichtem Rammboden	4,0—7,0 lfd. m/Std.	
mittelschwerem „	3,0—5,0	„
schwerem „	1,5—3,0	„

Diese Zahlen können natürlich nur als ganz angenäherte Werte von Leistungen angesehen werden. Von einer Wiedergabe genauerer Daten muß abgesehen werden, da die Leistung, wie gesagt, von zu vielen Faktoren beeinflußt wird und sich nicht durch allgemeingültige Zahlenwerte ausdrücken läßt.

7. Abschneiden von Spundwänden und Pfählen.

Die durch diese Arbeit entstehenden Kosten können gleichfalls sehr verschieden hoch sein, und zwar je nach der Art des Materials und je nachdem die Arbeit über oder unter Wasser, in engen Baugruben oder im Freien ausgeführt werden wird.

Kann das Abschneiden bei abgesenktem Wasserspiegel erfolgen, so wird man dies natürlich stets dem Absägen oder Abbrennen unter Wasser vorziehen. Hierbei sind jedoch die Kosten der Wasserhaltung wohl zu berücksichtigen, einschließlich Aufstellen, Abbrechen usw. der Pumpenanlage, falls diese nicht etwa bereits für andere gleichzeitig zur Ausführung gelangende Bauarbeiten erforderlich sein und auf diese verrechnet wird.

a) Hölzerne Spundwände und Pfähle. Bei reiner Handarbeit vergegenwärtigt man sich zwecks Beurteilung der Kosten am besten, welche Leistung eine Arbeitsgruppe, d. h. im allgemeinen 2 Zimmerleute zum Sägen und meist noch 1—2 Arbeiter zum Abtransportieren der Abschnitte, unter den jeweiligen Verhältnissen durchschnittlich in einer Stunde erreichen kann, und berechnet daraus die Kosten für 1 lfd. m Wand bzw. einen Pfahl.

Die Kosten des Abschneidens unter Wasser mit maschinell betriebener Grundsäge ermittelt man in gleicher Weise wie die Kosten des Rammens, indem man zunächst die Gerätekosten und sodann die Betriebskosten der Anlage berechnet, jene durch die Gesamtmenge und diese durch die voraussichtliche Leistung dividiert.

b) Eiserne Spundwände. Hier setzen sich die Kosten für das Abschneiden zusammen aus den Löhnen der Arbeitskräfte und den Gaskosten. Bei Berechnung der ersten kann man annehmen, daß eine

Kolonne, bestehend aus Schneider und je nach den örtlichen Verhältnissen 1—3 Arbeitern, unter normalen Verhältnissen ca. 1,0 bis 1,5 lfd. m Wand/Std. abschneiden werden. Der Verbrauch beträgt durchschnittlich etwa:

Sauerstoff . . . . 2,0—3,0 cbm/lfd. m Wand
Wasserstoff . . . . 0,8—1,2 „ „
oder Karbid zur Herstellung von Azetylen . . 1,5—2,0 kg/lfd. m „

Hierbei sind Spundwände, bestehend aus Eisen System Larssen, Profil I—III, vorausgesetzt.

Zu der eigentlichen abzuschneidenden Wandlänge sind stets noch die Längen der senkrechten Schnitte hinzuzuzählen, die für das Wegschaffen des abgeschnittenen Wandstückes notwendig werden. Ferner sind die Löhne für den Abtransport der Abschnitte zu berücksichtigen und schließlich die Kosten für Abnutzung des Schneideapparates und für Verschleiß an Schläuchen.

8. Ausziehen von Spundbohlen und Pfählen.

Gerüstpfähle und provisorische Spundwände, besonders eiserne Spundwände, müssen nach Fertigstellung des Bauwerkes in der Regel wieder gezogen werden. Die Kosten, die durch diese Arbeit entstehen werden, lassen sich noch schwerer im voraus bestimmen, als diejenigen des Rammens, da sie nicht nur von den örtlichen Verhältnissen und der Bodenart abhängen werden, sondern auch noch von dem Zustande, in dem sich Pfähle und Bohlen nach der Rammung befinden werden. Im allgemeinen benutzt man heute zum Ausziehen von Pfählen und Spundbohlen Hämmer, die durch Druckluft oder Dampf angetrieben werden und die in umgekehrtem Sinne wirken wie ein Rammbär.

Auch die Kosten des Ausziehens berechnet man am besten aus der Summe der stündlichen Aufwendungen und der durchschnittlichen stündlichen Leistung, wobei diese aber aus obigem Grunde stets mit besonderer Vorsicht festzusetzen sein wird. Im allgemeinen sind die Kosten des Ausziehens niedriger als diejenigen des Rammens, und zwar werden sie meist $^1/_2$—$^3/_4$ von diesen betragen; unter Umständen können sie die Rammkosten aber auch übersteigen. Wenn keine Grundlagen für ihre Beurteilung zur Verfügung stehen, empfiehlt es sich daher, für das Ausziehen von Pfählen und Spundwänden sicherheitshalber ebensoviel zu rechnen wie für das Rammen.

9. Nebenarbeiten.

Im Zusammenhang mit dem Rammen von Spundwänden können unter Umständen noch folgende Nebenarbeiten entstehen:

a) Liefern und Anbringen von Zangen. Die Kosten, die hieraus erwachsen, setzen sich zusammen aus den Kosten der Materialien (Holz und Schraubenbolzen) und den Löhnen für das Anbringen der Zangen; die Löhne lassen sich auf Grund der Angaben des Kapitels 11 ermitteln.

Die Kosten der für das Rammen erforderlichen provisorischen Zangen sind im allgemeinen unbedeutend und können vernachlässigt werden, es sei denn, daß die Zangen verlorengehen oder daß es sich um Wasserarbeit handelt. In solchen Fällen empfiehlt es sich doch, einen entsprechenden Betrag in die Berechnung einzuführen.

b) Dichten von Spundwänden. Beim Rammen von Spundwänden in schwerem Boden werden häufig dadurch, daß einzelne Bohlen beim Aufstoßen auf Hindernisse im Boden zerschlagen werden oder aus der Wand ausweichen, Dichtungsarbeiten erforderlich, die unter Umständen ganz erhebliche Kosten verursachen können. Diese Kosten entstehen nicht nur aus den für das Schließen der undichten Stellen aufzuwendenden Löhnen und Materialien, sondern auch aus der Wasserhaltung während der Dauer der Dichtungsarbeiten und unter Umständen auch noch aus einer Bauverzögerung. Da sich die Höhe dieser Kosten im voraus natürlich nicht angeben läßt und nur geschätzt werden kann, ist es vielleicht richtiger, sie nicht hier, sondern am Schluß bei Festsetzung des Risikozuschlages zu berücksichtigen.

9. Betonarbeiten.

Bei der Ausführung von Ingenieurbauten spielen die Betonarbeiten infolge der mannigfaltigen Verwendungsmöglichkeit des Betons eine besonders große Rolle, und nicht selten ist der Preis dieser Teilarbeit ausschlaggebend für die Gesamtkosten des ganzen Baues. Die Kalkulation der Betonarbeiten sollte daher stets mit besonderer Sorgfalt durchgeführt werden.

Die Kosten von Betonarbeiten setzen sich immer zusammen aus den Kosten der Baustoffe, denjenigen des Arbeits- und Kraftaufwandes für die Herstellung und das Einbringen des Betons, den Schalungskosten, eventuell den Kosten für Eiseneinlagen und den aus der Verwendung von Baugeräten erwachsenden Auslagen.

Als Einheit wählt man bei der Kalkulation zweckmäßigerweise stets den Kubikmeter. Werden Preise für einen Quadratmeter oder einen laufenden Meter Bauwerk gefordert, so lassen sich diese aus dem Kubikmeterpreis immer leicht umrechnen.

1. Bedarf an Baugeräten.

a) Bei Handmischung werden an Baugeräten lediglich die Transportgeräte für das Heranschaffen der Betonmaterialien zur Mischstelle und für die Beförderung des Betons zum Bauwerk benötigt, d. h. Schubkarren oder Muldenkipper und Muldenkippergleise.

b) Bei maschineller Mischung sind erforderlich: Mischmaschinen nebst ihren Antriebsmaschinen (heute meist Elektromotoren oder Verbrennungsmotoren, seltener Lokomobilen), ferner Gleise, Wagen und unter Umständen Lokomotiven für den Antransport der Baustoffe zur Mischmaschine bzw. den Transport des Betons nach dem Bauwerk. An Stelle dieser Transportgeräte gelangen unter Umständen auch Förderbänder, Kabelbahnen oder andere Fördereinrichtungen zur Anwendung, bei Gußbeton werden sie durch die Gießtürme mit den dazugehörigen Gießrinnen ersetzt. Größe und Umfang der Mischanlage sowie der verschiedenen Transporteinrichtungen haben sich in erster Linie nach der programmgemäß im Tage zu leistenden Betonmenge zu richten, sodann aber auch nach den örtlichen Verhältnissen und der Art und Anordnung des Bauwerkes.

2. Gerätekosten.

Hinsichtlich dieser Kosten sei zunächst auf Kapitel 15 verwiesen und die daselbst gemachten allgemeinen Angaben. Über die Kosten der Transporteinrichtungen und Transportgeräte siehe die früheren Kapitel, besonders Erdarbeiten, über Antriebsmaschinen Kapitel 5.

Die für die Berechnung der Transportkosten erforderlichen Gewichte von Mischmaschinen können aus der Tabelle aus S. 103 entnommen werden, in der Durchschnittswerte angeführt sind. Für die Gewichte von Gießtürmen lassen sich keine allgemeingültigen Angaben machen, da diese Gewichte ganz von der Konstruktion, der Leistungsfähigkeit und dem Arbeitsradius der Gießanlage abhängen.

Der Berechnung der Installationskosten können folgende Werte zugrunde gelegt werden. Es kostet durchschnittlich das Aufstellen und Abbrechen von:

Betonmischmaschinen . . . . 35 Std./t
     wenn auf Fahrgestell montiert 15   „
Gießturmanlagen 100   „

Über die Kosten von Gerüsten, Transportstegen, Betonrutschen, Mischpritschen usw. siehe Kapitel 11. Die Aufwendungen, die aus dem Herrichten der Lagerplätze für die Betonmaterialien entstehen, kann man im allgemeinen, da von nebensächlicher Bedeutung, vernachlässigen. Über den Bau von Zementschuppen siehe Näheres auf S. 139.

3. Baustoffbedarf.

Zur Herstellung von Beton werden benötigt: Bindemittel (Zement, eventuell Traß und Kalk), Zuschlagstoffe (Sand, Kies oder Schotter) und Wasser. Das Verhältnis dieser Baustoffe zueinander wird in erster Linie durch die geforderte Güte, d. h. die Festigkeit und Dichtigkeit des Betons bestimmt bzw. den Zweck, dem das Bauwerk dienen soll, außerdem aber auch durch die Art der einzelnen Baustoffe und durch die Verarbeitungsweise. Auf die Frage des für die verschiedenen Fälle erforderlichen oder zweckmäßigen Mischungsverhältnisses soll hier nicht näher eingegangen werden; im allgemeinen liegt dieses bereits vor, wenn man zum Kalkulieren kommt. Dagegen ist es für die Ausarbeitung eines Kostenanschlages von großer Wichtigkeit, die zur Herstellung eines Kubikmeters Beton erforderlichen Mengen der einzelnen Baustoffe zu kennen, da die Baustoffkosten bei Beton bekanntlich in der Regel den größten Teil des ganzen Preises ausmachen und man daher auf eine möglichst genaue Festsetzung der benötigten Baustoffmengen besonderen Wert legen muß.

Der Bedarf an Zement, Sand, Kies usw. kann innerhalb weiter Grenzen schwanken, er ist, abgesehen vom Mischungsverhältnis, das natürlich in erster Linie für den Baustoffbedarf bestimmend ist, abhängig von der Dichtigkeit der einzelnen Baustoffe und vom Wasserzusatz. Auf die Dichtigkeit, d. h. den Umfang der in einem Material vorhandenen Hohlräume, sind von Einfluß: Art und Zusammensetzung des betreffenden Baustoffes, Korngröße, Gestaltung des Korns, und bei den Bindemitteln Güte und Mahlfeinheit. Der Umfang des Wasserzusatzes wird vor allem durch die Art der Verarbeitung bestimmt.

Mit befriedigender Genauigkeit kann der Baustoffbedarf für 1 cbm Beton jeweils nur an Hand von größeren Probekörpern ermittelt werden oder noch besser auf Grund von Feststellungen an Bauten, die mit denselben Baustoffen und unter denselben Bedingungen bereits ausgeführt worden sind, wie sie für die vorliegende Arbeit in Frage kommen. Da dieser Fall nur äußerst selten vorkommen dürfte, empfiehlt es sich, wenn irgend möglich, vor Inangriffnahme der Kostenberechnung Probemischungen vorzunehmen oder vornehmen zu lassen, besonders wenn es sich um Bauten größeren Umfanges handelt. Die durch solche Versuche entstehenden verhältnismäßig geringen Kosten werden sich in allen Fällen vielfach bezahlt machen, da sie von vornherein klare Verhältnisse hinsichtlich des Baustoffbedarfes schaffen werden.

Lassen sich derartige Versuche nicht ausführen, stehen aber Proben der zu verwendenden Materialien zur Verfügung, so sollte man nicht versäumen, wenigstens den Umfang der in den Baustoffen vorhandenen Hohlräume oder vielmehr festen Bestandteile zu messen, da sich der Baustoffbedarf auf Grund dieser Messungen auch rechnerisch ermitteln läßt. Allerdings ist bei einer solchen Berechnung immer zu berücksichtigen, daß sie nie ganz genaue Ergebnisse liefern wird, da die Summe der festen Bestandteile und in Abhängigkeit davon auch der Wasserzusatz naturgemäß auch bei ein und demselben Material Schwankungen unterworfen sind. Der Umfang der festen Masse kann aus dem spezifischen Gewicht des Materials und dem Raumgewicht des Baustoffes leicht berechnet werden. Ist jenes nicht bekannt, so läßt sich die Summe der festen Bestandteile, wenigstens bei Sand, Kies oder Schotter, auch durch Messung des durch eine bestimmte Baustoffmenge verdrängten Wassers ermitteln.

Im Nachstehenden soll auf diese rechnerische Bestimmung des Baustoffbedarfs für Beton noch etwas näher eingegangen werden, wobei die Betrachtungen gleichzeitig auch auf Mörtel ausgedehnt werden sollen, für den natürlich das gleiche gilt wie für Beton.

Bei Baukonstruktionen von einiger Bedeutung wird man stets anstreben, einen möglichst dichten und damit auch festen Beton oder Mörtel herzustellen, d. h. eine Masse, bei der alle Hohlräume verschwinden. Liegt ein Mischungsverhältnis vor, bei dem dies zutrifft, bei dem also die Hohlräume im Sand durch die aus Bindemittel und Wasser bestehende Kittmasse und die Hohlräume im Kies oder Schotter durch den Mörtel in vollem Umfange ausgefüllt werden, so findet man den Baustoffbedarf rechnerisch auf einfache Weise dadurch, daß man die Summe der festen Bestandteile der einzelnen Materialien bildet und die Summe der losen Masse durch diese Zahl dividiert. Hierbei läßt man den Umstand unberücksichtigt, daß eigentlich in allen

Mischungen noch etwas Luft enthalten ist und also kleine Hohlräume verbleiben. Da diese Hohlräume aber nur wenige Prozent der ganzen Masse ausmachen, bedeutet ihre Außerachtlassung eine nicht in Betracht fallende Ungenauigkeit, und da der Baustoffbedarf für 1 cbm Beton durch sie außerdem verringert wird, liegt die Ungenauigkeit auf der sicheren Seite.

Bei den mageren Mischungen, die keine dichte Masse liefern, wie sie z. B. für nebensächliche Bauteile oder für Füllbeton zur Verwendung gelangen und bei denen also die Hohlräume nicht ganz ausgefüllt werden, ist die Ausbeute des Sandes bzw. des Kieses oder Schotters für den Baustoffbedarf allein maßgebend (s. S. 99).

Die Art und Weise, in der das Mischungsverhältnis für einen Beton und auch für Mörtel ausgedrückt wird, ist heute noch nicht einheitlich. Zum Teil gibt man das Verhältnis, wie dies früher allgemein üblich war, noch in Raumteilen Zement zu Raumteilen Sand, Kies oder Schotter an, doch geht man neuerdings immer mehr zu der entschieden einwandfreieren Angabe von Gewichtsteilen Zement auf Raumteile Zuschlagstoffe oder für 1 cbm fertigen Beton über. Diese Art der Angabe ist der erstgenannten aus dem Grunde vorzuziehen, weil bei ihr die Unsicherheit wegfällt, die in dem je nach dem Einrüttelungsmaß verschieden großen Umfang der Hohlräume im Zement und dadurch verschiedenen Raumgewicht des Bindemittels liegt. Diese Unsicherheit macht sich bei Festsetzung des Bindemittelbedarfs und bei Umrechnung des stets nach Gewicht bezahlten Materials von Gewichtsteilen in Raumteile im ersten Falle stets unangenehm bemerkbar, während sie bei der zweiten Art der Berechnung wegfällt.

Was nun den Umfang der Hohlräume oder der festen Masse der einzelnen Baustoffe betrifft, so läßt sich dieser, wie gesagt, aus dem spezifischen Gewicht und dem Raumgewicht des Baustoffes leicht berechnen. Für einen Sand, der beispielsweise aus einem Gestein vom spezifischen Gewicht 2,60 entstanden ist und ein Raumgewicht von 1,60 besitzt, ergeben sich $\frac{1,60}{2,60} \cdot 100 =$ rd. 61% feste Masse und rd. 39% Hohlräume.

Für das in die Berechnung einzuführende Raumgewicht ist natürlich derjenige Zustand des Materials maßgebend, für den der Kaufpreis oder, bei Herstellung im Eigenbetrieb, die Gestehungskosten gelten. Im allgemeinen wird dieser Zustand demjenigen des Materials beim Abmessen der für eine Mischung erforderlichen Menge an der Mischmaschine entsprechen. Es kann aber auch vorkommen, daß der Preis des Sandes, Kieses oder Schotters für dasjenige Volumen gilt, das nach einem längeren Antransport ermittelt wird und das infolge des Einrüttelns unterwegs geringer ist als das Volumen beim Messen an der Mischmaschine. In solchen Fällen muß der Preis dem Einrüttelungsmaße entsprechend ermäßigt werden. Bei Zement kann man für den Zustand, in dem er sich im Meßgefäß vor dem Mischen befindet, ein Raumgewicht von 1,40 annehmen und der Berechnung zugrunde legen. Dies bedeutet bei einem durchschnittlichen spezifischen Gewicht des Zementes von 3,00 einen Anteil an fester Masse von rd. 47% und an Hohlräumen von rd. 53%.

Für die üblichen Zuschlagstoffe schwanken die Anteile an fester Masse und Hohlräumen im allgemeinen innerhalb nachstehender Grenzen. Solange keine genauen Angaben vorliegen oder keine Unterlagen zur Berechnung zur Verfügung stehen, müssen natürlich Annahmen gemacht werden, wobei die nachfolgenden Mittelwerte gewählt werden können. Auf diese Weise läßt sich der Baustoffbedarf wenigstens angenähert ermitteln.

Baustoffe	Feste Masse	Hohlräume
Bindemittel:		
Weißkalkpulver	30 %	70 %
Weißkalkbrei	100 %	0 %
Hydraulischer Kalk	28 %	72 %
Portlandzement	47 %	53 %
Traß	47 %	53 %
Zuschlagstoffe:		
Sand	55—70 %, i. M. 63 %	30—45 %, i. M. 37 %
Schlackensand	25—55 %, „ 40 %	45—75 %, „ 60 %
Kiessand	55—70 %, „ 63 %	30—45 %, „ 37 %
Kies	50—65 %, „ 58 %	35—50 %, „ 42 %
Schotter	45—60 %, „ 53 %	40—55 %, „ 47 %

Von Einfluß auf den Baustoffbedarf ist, wie bereits erwähnt, auch die dem Mörtel oder Beton beizugebende Wassermenge. Zur Herstellung eines verarbeitungsfähigen Mörtels benötigt man an Wasser ca. 16—20% des Rauminhaltes der Trockensubstanz, bei fetten Mischungen, wie z. B. 1:1, etwas mehr, d. h. 20—25%. Bei Beton ist der Wasserbedarf in erster Linie von der Art der Verarbeitung abhängig. Je nachdem es sich um erdfeuchten Stampfbeton oder um Gußbeton handelt, schwankt die Wassermenge zwischen ca. 120 und 200 l/cbm Beton. Aber auch von der Kornzusammensetzung und von dem Mischungsverhältnis, d. h. der Güte des Betons ist die Wassermenge abhängig. Je mehr feine Teile z. B. im Kies oder Sand vorhanden sind, um so mehr Wasser ist zur Erzielung einer bestimmten Konsistenz notwendig. Wenn durch Versuchsmischungen mit den zur Verwendung gelangenden Baustoffen die Wassermenge nicht bereits ermittelt werden konnte, empfiehlt es sich, mit folgenden Zahlen zu rechnen, die für mittlere Verhältnisse Gültigkeit besitzen. Die in den Zuschlagstoffen bereits enthaltene Wassermenge, d. h. die natürliche Feuchtigkeit ist in diesen Werten eingeschlossen.

Erdfeuchter Beton	6— 7 %⎫	des Gewichtes der	9 %⎫	des Rauminhaltes
Plastischer Beton .	8— 9 %⎬	Trockensubstanz,	12 %⎬	der
Gußbeton	10—11 %⎭	d. h. ca.	15 %⎭	Trockensubstanz.

Bei der Umrechnung ist ein Durchschnittsraumgewicht der Trockensubstanz von 1,45 angenommen worden.

Ist nun der Umfang der Hohlräume bzw. der festen Masse in den verschiedenen Baustoffen bekannt oder auf irgendeine Weise ermittelt worden, ist ferner die Verarbeitungsweise und damit der Wasserzusatz gegeben, so läßt sich für ein bestimmtes Mischungsverhältnis der Baustoffbedarf für 1 cbm fertigen Mörtel oder Beton wie nachstehend beschrieben berechnen. Hierbei wird das Mischungsverhältnis zweckmäßigerweise in Raumteilen ausgedrückt, da sich die Berechnung mit Rücksicht auf die Ermittlung des Wasserzusatzes dadurch einfacher gestaltet. Ist der Zementanteil in Gewicht ausgedrückt, so muß man ihn also durch 1,40 dividieren, um das Volumen zu erhalten.

Es soll beispielsweise ein Mörtel im Mischungsverhältnis 1 : 3 vorliegen und ferner sollen die oben angeführten Mittelwerte für die festen Bestandteile im Zement und Sand, sowie ein Wasserzusatz von 18% der Trockenmasse Zement + Sand der Berechnung zugrunde gelegt werden. Es ergeben alsdann:

$$
\begin{array}{ll}
\text{1,00 cbm Zement} & \text{0,47 cbm Mörtelmasse} \\
\underline{\text{0,72 ,, Wasser (d. h. 18\% von 4,00)}} & \underline{\text{0,72 ,, ,,}} \\
\text{1,72 cbm lose Masse} & \text{1,19 cbm Mörtelmasse}
\end{array}
$$

Ein Vergleich mit der Summe der Hohlräume im Sand zeigt, daß es sich bei diesem Mischungsverhältnis unter den für die Hohlräume gemachten Voraussetzungen um einen dichten Mörtel handelt. Die Hohlräume im Sand betragen nach obiger Zusammenstellung durchschnittlich 37%. Da sich aber das Volumen des Sandes beim Mischen mit Wasser verringert (und zwar um ca. 5%)[1], weil die einzelnen Sandkörner sich dichter aneinanderlegen, sind von der Kittmasse Zement + Wasser nicht mehr 3 · 0,37 = 1,11 Teile, sondern nur noch 3 · 0,32 = 0,96 Teile Hohlräume auszufüllen. Es besteht also ein Überschuß an Kittmasse von 1,19 — 0,96 = 0,23 cbm.

Es ergeben weiter:

$$
\begin{array}{ll}
\text{1,72 cbm Kittmasse} & \text{1,19 cbm Mörtelmasse} \\
\underline{\text{3,00 ,, Sand · 0,63 cbm}} & \underline{\text{1,89 ,, ,,}} \\
\text{4,72 cbm lose Masse} & \text{3,08 cbm Mörtelmasse}
\end{array}
$$

1 cbm Mörtel erfordert demnach

$$\frac{4,72}{3,08} = 1,53 \text{ cbm lose Masse, bestehend aus Zement, Wasser und Sand}$$

oder

$$\frac{1,53}{4,72} \cdot 1,00 = 0,32 \text{ cbm Zement } (= 450 \text{ kg})$$

$$
\begin{array}{l}
0,72 = 0,23 \text{ ,, Wasser} \\
\underline{3,00 = 0,98 \text{ ,, Sand}} \\
\text{zusammen: } 1,53 \text{ cbm .}
\end{array}
$$

In gleicher Weise berechnet man den Baustoffbedarf für einen Beton, beispielsweise im Mischungsverhältnis 1 : 4 : 6 (1 Teil Zement : 4 Teilen Sand : 6 Teilen Kies). Es sollen wieder obige Durchschnittswerte für die feste Masse angenommen und ferner vorausgesetzt werden, daß es sich um Stampfbeton handelt, also ein Wasserzusatz von 9% des Volumens der Trockensubstanz, d. h. von 11 cbm erforderlich ist.

---

[1] Siehe: Die Preisermittlung im Maurer- und Zimmerergewerbe. Westdeutsche Bauhütte.

Es ergeben sodann:

1,00 cbm Zement	0,47 cbm Betonmasse	
0,99 „ Wasser	0,99 „	„
1,99 cbm	1,46 cbm	„

Die auszufüllenden Hohlräume im Sand betragen 4 (0,37 — 0,05) = 1,28 cbm, der Mörtel ist also dicht.

4,00 cbm Sand · 0,63	2,52 cbm Betonmasse	
5,99 cbm	3,98 cbm	„

Hohlräume im Kies betragen 6 (0,42 — 0,05) = 2,22, der Beton ist also dicht.

6,00 cbm Kies · 0,58	3,48 cbm Betonmasse	
11,99 cbm lose Masse	7,46 cbm	„

1 cbm Beton erfordert also

$$\frac{11,99}{7,46} = 1,61 \text{ cbm lose Masse}$$

oder

$$\frac{1,61}{12} \cdot 1,00 = 0,134 \text{ cbm Zement } (= 188 \text{ kg})$$

0,99	= 0,13	„	Wasser
4,00	= 0,54	„	Sand
6,00	= 0,81	„	Kies
zusammen:	1,61	cbm.	

Diese Berechnung ist für einen Stampfbeton durchgeführt worden. Von welch großem Einfluß der Wasserzusatz auf die Ausbeute der Mischung ist, sollen die beiden folgenden Rechnungen für plastischen Beton und Gußbeton zeigen.

Plastischer Beton:

1,00 cbm Zement ergibt	0,47 cbm Beton	
1,32 „ Wasser (12 % von 11,00)	1,32 „	„
4,00 „ Sand · 0,63	2,52 „	„
6,00 „ Kies · 0,58	3,48 „	„
12,32 cbm lose Masse	7,79 cbm Beton.	

1 cbm Beton erfordert

$$\frac{12,32}{7,79} = 1,58 \text{ cbm lose Masse}$$

oder

$$\frac{1,58}{12,32} \cdot 1,00 = 0,128 \text{ cbm Zement } (= 180 \text{ kg})$$

1,32	= 0,17	„	Wasser
4,00	= 0,51	„	Sand
6,00	= 0,77	„	Kies
zusammen:	1,58	cbm.	

Gußbeton:

1,00 cbm Zement ergibt	0,47 cbm Beton	
1,65 „ Wasser (15 % von 11,00)	1,65 „	„
4,00 „ Sand · 0,63	2,52 „	„
6,00 „ Kies · 0,58	3,48 „	„
12,65 cbm lose Masse	8,12 cbm Beton.	

1 cbm Beton erfordert

$$\frac{12,65}{8,12} = 1,56 \text{ cbm lose Masse}$$

oder

$$\frac{1,56}{12,65} \cdot 1,00 = 0,124 \text{ cbm Zement } (= 173 \text{ kg})$$

$$1,65 = 0,205 \text{ „ Wasser}$$
$$4,00 = 0,49 \text{ „ Sand}$$
$$6,00 = \underline{0,74} \text{ „ Kies}$$
$$\text{zusammen: } 1,56 \text{ cbm .}$$

Man sieht hieraus, daß für dasselbe Mischungsverhältnis der Zementbedarf z. B., je nachdem es sich um Stampfbeton, plastischen oder Gußbeton handelt, zwischen 188 und 173 kg/cbm schwankt.

In derselben Weise lassen sich die erforderlichen Baustoffmengen natürlich auch für andere Betonmischungen berechnen, d. h. für Schotterbeton, Kiessandbeton, ferner auch für Mischungen, in denen Sande verschiedener Körnung verwandt werden, sowie schließlich für Zement-Traßbeton, Zement-Kalkbeton usw. Wird der Mischung Kalkbrei beigemengt, so ist dieser, wie Wasser, als vollständig dichte Masse in die Berechnung einzuführen, da angenommen werden kann, daß Kalkbrei keine Hohlräume besitzt.

Zu beinahe denselben Werten, wie vorstehend berechnet, gelangt man, wenn man für die zur Herstellung eines Kubikmeters fertigen Beton erforderlichen Baustoffmengen (aber ausschließlich Wasser) setzt 1,37—1,48. Dann findet man nämlich:

Erdfeuchter Beton:
1,48 cbm lose Masse geben 1 cbm Beton.

$$\frac{1,48}{11} \cdot 1 = 0,135 \text{ cbm Zement}$$
$$4 = 0,54 \text{ „ Sand}$$
$$6 = \underline{0,81} \text{ „ Kies}$$
$$1,48 \text{ cbm .}$$

Plastischer Beton:
1,42 cbm lose Masse geben 1 cbm Beton.

$$\frac{1,42}{11} \cdot 1 = 0,129 \text{ cbm Zement}$$
$$4 = 0,52 \text{ „ Sand}$$
$$6 = \underline{0,77} \text{ „ Kies}$$
$$1,42 \text{ cbm .}$$

Gußbeton:
1,37 cbm lose Masse geben 1 cbm Beton.

$$\frac{1,37}{11} \cdot 1 = 0,125 \text{ cbm Zement}$$
$$4 = 0,50 \text{ „ Sand}$$
$$6 = \underline{0,75} \text{ „ Kies}$$
$$1,37 \text{ cbm .}$$

Dasselbe gilt, natürlich immer mit einigen Abweichungen, auch für andere Mischungsverhältnisse. Legt man also die oben angeführten Durchschnittszahlen für die in den verschiedenen Baustoffen vorhandenen Hohlräume der Berechnung zugrunde, so findet man die in nachstehender Tabelle enthaltenen durchschnittlichen Werte für die Summe der einzelnen Baustoffmengen (ausschließlich Wasser), die zur Herstellung eines Kubikmeters Beton erforderlich sind. Diese Zahlen können bei der Berechnung des Baustoffbedarfes benutzt werden, solange keine bestimmten Angaben über die Hohlräume der zur Verwendung gelangenden Baustoffe vorhanden sind und auch sonst keine Versuchsergebnisse zur Verfügung stehen. Hierbei hat man sich allerdings stets vor Augen zu halten, daß diese Zahlen nur für die oben angeführten mittleren Hohlraumwerte gelten und nicht mehr anwendbar sind, falls für den Umfang der Hohlräume oder der festen Masse im einen oder andern Material andere Zahlen angenommen werden müssen. Die Werte für Kiessand- und Schotterbeton ergaben sich in gleicher Weise, wie vorstehend für Kiesbeton gezeigt.

Für 1 cbm Beton sind folgende Mengen loser Masse von Baustoffen erforderlich:

Art des Betons		erdfeucht	plastisch	gießfähig
Kiessandbeton (Zement + Kiessand) . . .	cbm	1,44	1,38	1,33
Kiesbeton (Zement + Sand + Kies) . . .	„	1,48	1,42	1,37
Schotterbeton (Zement + Sand + Schotter)	„	1,54	1,48	1,42

Bei Mörtel schwankt der Bedarf an Baustoffen je nach dem Umfang der Hohlräume im Sand und dem Mischungsverhältnis zwischen 1,25 und 1,35 cbm. Im Durchschnitt kann also gerechnet werden:

1 cbm Mörtel erfordert 1,30 cbm lose Masse (Zement + Sand).

Bei den bisherigen Betrachtungen ist stets vorausgesetzt worden, daß das gewählte Mischungsverhältnis einen vollständig dichten Mörtel oder Beton ergibt. Bei den sogenannten mageren Mischungen dagegen füllen Zement und Wasser nicht alle Hohlräume des Sandes aus bzw. der Mörtel nicht alle Hohlräume im Kies oder Schotter. Bei derartigen Mischungen ist die vorstehende Berechnungsweise natürlich nicht mehr anwendbar, sie würde zu große Baustoffmengen ergeben. Hier ist für den Baustoffbedarf lediglich die Ausbeute des Sandes bzw. Kieses oder Schotters maßgebend, da Kittmasse bzw. Mörtel in den Hohlräumen dieser Baustoffe verschwinden, ohne sie ganz auszufüllen.

Wie bereits erwähnt, sinken Sand, Kies und Schotter beim Mischen etwas in sich zusammen; bei Sand und Kies beträgt dieses Sackmaß etwa 5% des Volumens, bei Schotter bis etwa 10%. Man kann somit durchschnittlich annehmen:

Ausbeute von Sand und Kies . . 95%
     „   „   Schotter 90%

und der Baustoffbedarf ist, unabhängig von dem Mischungsverhältnis, für

1 cbm Mörtel. . . . . 1,05 cbm Sand
1 „   Kiesbeton und Kiessandbeton 1,05 „   Kies oder Kiessand
1 „   Schotterbeton . . . . 1,10 „   Schotter.

Die Zement- und Sandmenge findet man durch einfache Rechnung
aus dem gegebenen Mischungsverhältnis, also beispielsweise für das Mischungsverhältnis 1 Teil Zement : 12 Teilen Kiessand (plastischer Beton):

$$\text{Zement} \quad \frac{1{,}05}{12} = 0{,}087 \text{ cbm} = 122 \text{ kg}$$

$$\text{Wasser 12\% von } (0{,}09 + 1{,}05) = 0{,}15 \text{ cbm}$$

$$\text{Kiessand} \qquad\qquad\qquad = 1{,}05 \text{ „}$$

In zweifelhaften Fällen muß, wie oben gezeigt, untersucht werden, ob
es sich um einen dichten oder undichten Mörtel bzw. Beton handelt,
und dementsprechend der Materialbedarf berechnet werden.

Zu den sich aus vorstehenden Berechnungen ergebenden Baustoffmengen hat man schließlich noch einen gewissen Zuschlag für Verluste
auf dem Transport zu machen. Man kann diese Verluste, die je nach
der Art und Länge des Transportes, vor allem je nach der Häufigkeit
des Umladens, verschieden groß sein werden, aber auch bei Berechnung
der Einheitspreise der Baustoffe durch einen entsprechenden Zuschlag
zu diesen Preisen berücksichtigen, was meist einfacher ist. Im allgemeinen schwanken die Verluste innerhalb folgender Grenzen:

$$\text{Bindemittel} \quad\ldots\ldots\ldots\quad 1\text{—}4\%$$
$$\text{Sand} \quad\ldots\ldots\ldots\ldots\quad 1\text{—}3\%$$
$$\text{Kies und Schotter} \quad\ldots\ldots\quad 1\text{—}2\%.$$

In den Zahlen für die Bindemittel dürften hierbei auch diejenigen Verluste eingeschlossen sein, die ab und zu durch Erhärten auf dem Transport infolge von Wasserzutritt entstehen.

4. Kosten der Baustoffe.

a) Zement. Zement wird stets nach Gewicht bezahlt. Drückt das
Mischungsverhältnis die für 1 cbm Beton erforderliche Zementmenge
in Raummaß aus, so multipliziert man sie mit dem Raumgewicht 1,40, da
dieses Gewicht, wie bereits erwähnt, angenähert dem Zustand des Zementes
in den Meßgefäßen vor dem Einfüllen in die Mischmaschine entspricht.

Zement gelangt in Papiersäcken, Jutesäcken oder Fässern zur Anlieferung. Die Kosten des Verpackungsmaterials sind im allgemeinen
im Zementpreis enthalten. Während Papiersäcke und Fässer nach
der Entleerung gänzlich wertlos sind, können Jutesäcke, sofern sie sich
noch in gutem Zustande befinden, wieder verwandt werden, und das
Lieferwerk vergütet für jeden zurückgesandten, zum Füllen noch brauch-
baren Sack einen im Angebot meist vermerkten Betrag. Diese Einnahme
aus dem zurückgesandten Verpackungsmaterial kann bei der Berechnung
des Zementpreises in Abzug gebracht werden. Die Anzahl der noch
verwendungsfähigen Säcke ist hierbei aber stets mit Vorsicht festzusetzen, da auf dem Bau immer ein großer Teil der Säcke zu anderen
Zwecken benutzt wird und nicht mehr zurückgesandt werden kann.
Außerdem muß die Fracht für die Rücksendung der Säcke, die zu
Lasten des Käufers geht, berücksichtigt werden.

Für die übrigen Bindemittel gilt sinngemäß das für Zement Gesagte.

b) Zuschlagstoffe. Zu den von den Lieferanten geforderten
Preisen für Sand, Kies, Kiessand oder Schotter muß, falls diese Preise

nicht frei Empfangsstation gelten, zunächst die Bahn- oder Schiffsfracht bis zu dieser Station zugeschlagen werden, außerdem aber auch noch alle übrigen aus dem Antransport der Baustoffe bis zum Lagerplatz auf der Baustelle entstehenden Kosten, d. h. die Auslagen für Umladen, Transportieren in Fuhrwerken usw. Das gleiche gilt natürlich auch für die Bindemittel. Über die Berechnung der Transportkosten siehe Kapitel 4. Die hierbei erforderlichen Raumgewichte der Baustoffe können auf Grund der Werte auf S. 95 und des spezifischen Gewichtes des Gesteins, aus dem die Stoffe entstanden sind, ermittelt werden (s. Tabelle auf S. 148), wobei aber stets auch der Feuchtigkeitsgrad des Materials zu beachten ist.

Häufig werden die Zuschlagstoffe oder wenigstens ein Teil derselben im Eigenbetrieb gewonnen. Wenn es sich hierbei nur um ein einfaches Ausgraben aus der Grube und Transportieren zum Lagerplatz oder zur Verwendungsstelle handelt, so lassen sich die hierfür aufzuwendenden Kosten auf Grund der in den Kapiteln 4 und 6 enthaltenen Angaben berechnen. Muß Sand aber außerdem noch gesiebt oder gemahlen und Schotter gebrochen werden, so kommen noch weitere Arbeitsleistungen hinzu, über die in Kapitel 13 Näheres gesagt ist.

c) Wasser. Die aus dem Wasserbedarf entstehenden Kosten können im allgemeinen bei der Kalkulation vernachlässigt werden, da sie den übrigen Auslagen gegenüber verschwindend klein sind, es sei denn, daß das Wasser von dritter Seite zu hohem Preise bezogen werden muß, oder daß die Beschaffung, wie z. B. in wasserarmen Gegenden, besondere Kosten verursacht. In solchen Fällen müssen die Wasserkosten natürlich berücksichtigt werden.

5. Herstellen und Einbauen des Betons.

Wohl auf keinem Gebiete des Ingenieurbaues sind im Laufe der letzten 10 Jahre solch große Fortschritte erzielt worden wie auf dem des Betonbaues, und zwar gilt dies nicht nur hinsichtlich der Güte der Ausführung, sondern besonders auch hinsichtlich der Verringerung der Ausführungskosten. Diese Kostensenkung wurde vor allem durch weitgehende Verwendung maschineller Anlagen und fortwährende Verbesserung dieser Einrichtungen erreicht. Für Baustofftransporte benutzt man heute häufig Förderbänder, Seilbahnen usw., für den Betontransport Gießtürme und Rinnen, sofern es sich um Gußbeton handelt, und Förderbänder für Beton von festerer Konsistenz. Das Mischen des Betons selber erfolgt fast ausschließlich auf maschinellem Wege. Selbst bei Bauten kleinen Umfangs und geringen Betonmengen werden heute Mischmaschinen benutzt, da kleine handliche Geräte mit eingebautem Motor auf Fahrgestell zur Verfügung stehen, die leicht beweglich sind und nur ganz geringe Installationskosten verursachen. Handmischung gelangt aus diesem Grunde nur noch ausnahmsweise zur Anwendung.

Mit Rücksicht auf diese häufige Verwendung von maschinellen Einrichtungen empfiehlt es sich, wenigstens bei Bauten von einigem Umfang, die Kosten für das Herstellen und Einbauen von Beton nicht mehr, wie dies früher üblich und auch angängig war, aus einer größeren oder kleineren Anzahl Arbeiterstunden für 1 cbm Beton zuzüglich der Kosten für die Mischmaschine zu berechnen, sondern aus den Kosten der ganzen Belegschaft des Betonierungsbetriebes und des Verbrauchs der verschiedenen Maschinen einerseits und der Leistung der Anlage andererseits. Nur bei kleineren Betonarbeiten, bei denen die Verwendung von maschinellen Einrichtungen sich ohnedies meist auf die Mischmaschine beschränkt, wird man zwecks Arbeitsersparnis im allgemeinen besser die ersterwähnte Berechnungsmethode anwenden.

Auf die Höhe der Kosten für Herstellen und Einbauen von Beton sind von Einfluß: Länge der Transportwege für die Baustoffe und für den Beton, die Art, in der diese Transporte bewirkt werden, die Art und Weise des Mischens von Beton, die von der Konsistenz des Betons abhängige Art des Einbringens und Verarbeitens innerhalb der Schalung und schließlich auch Form und Größe des Bauwerkes. Zur Berechnung dieser Kosten mögen die folgenden Angaben dienen:

a) Bei Bauten kleineren Umfangs. Sämtliche zur Herstellung von Beton erforderlichen Arbeitsleistungen, d. h. Antransportieren der Baustoffe, Mischen, Transportieren und Einbauen des Betons, einschließlich Nässen der Betonoberfläche nach Fertigstellung, erfordern bei Verwendung von Beton, der nicht gestampft zu werden braucht, unter normalen Verhältnissen, d. h. insbesondere bei nicht zu großen Transportweiten:

bei Handmischung . . . . 5—8 Arb.-Std./cbm Beton
„ Maschinenmischung . . . . 3—5 „ „

Hierzu sind für Aufsicht je nach der Größe der Arbeitsgruppe, die einem Aufseher untersteht, etwa 5—8% der Arbeiterlöhne hinzuzufügen, bei ganz kleinen Gruppen natürlich mehr.

Gelangt Stampfbeton zur Verarbeitung, so sind durchschnittlich zu rechnen:

bei Handmischung . . . . . . 6—10 Arb.-Std./cbm Beton
„ Maschinenmischung . . . 4— 7 „ „

Bei der Ausführung kleiner und komplizierter Betonbauwerke können aber auch wesentlich höhere Lohnkosten entstehen, und zwar kann der Arbeitsaufwand unter Umständen bis auf 20 Arb.-Std./cbm Beton steigen.

Müssen Sand, Kies oder Schotter vor dem Mischen noch gewaschen werden, so sind vorstehende Werte gleichfalls zu erhöhen. Erhalten die bei der Ausführung von Betonarbeiten beschäftigten Leute verschieden hohe Löhne, so sind obige Stundenzahlen mit dem voraussichtlichen Durchschnittslohn, der sich hier mit genügender Genauigkeit schätzen läßt, zu multiplizieren.

Bei Maschinenmischung sind noch die Kosten für die Mischmaschine hinzuzufügen, die man wie üblich dadurch erhält, daß man die stündlichen Betriebskosten durch die stündliche Leistung dividiert. Jene setzen sich zusammen aus dem Lohn eines Maschinisten und den Kosten für den Verbrauch der Antriebsmaschine, d. h. für elektrische Kraft oder Brennstoff, sowie Schmier- und Putzmaterialien (s. Kapitel 5,

S. 22 bis 25). Der zum Antrieb der verschiedenen Betonmischmaschinen erforderliche Kraftbedarf ist aus nachstehender Tabelle
zu entnehmen. Über die stündliche Leistung der Mischmaschine siehe
Näheres unter b).

Betonmischmaschinen:

Trommelfüllung l	100	150	250	375	500	750	1000	1250
Konstruktionsgewicht								
fahrbar mit Materialaufzug . . t	2,5	3,0	4,0	5,0	6,0	8,0	11,0	13,0
stationär mit Materialaufzug . t	1,8	2,2	3,2	4,0	4,8	6,5	9,0	11,0
Kraftbedarf . . . . PS	2,5	3,5	5,5	8,0	11,0	16,0	20,0	24,0
Leistung (bei 20 Mischungen/Std.								
u. voller Trommel) i. M. cbm/Std.	1,4	2,0	3,5	5,2	7,0	10,5	14,0	17,5

b) Bei Bauten größeren Umfanges. Bei größeren Bauten empfiehlt es sich, wie bereits erwähnt, die Kosten für Herstellung und Ein-
bau von Beton stets in der Weise zu berechnen, daß man die stündlichen
Kosten der Arbeitskräfte und der benutzten Maschinen durch die stündliche Leistung dividiert. Zu diesem Zwecke stellt man am besten sämtliche Arbeiter und Handwerker, die, von der Entnahme der
Baustoffe vom Depot an bis zur endgültigen Fertigstellung des Betonbauwerkes, beschäftigt sind, in einer Liste zusammen. Nur die mit der
Schalung und den Eiseneinlagen (bei Eisenbeton) beschäftigten Leute
schließt man hiervon aus, da diese Teilarbeiten richtiger für sich betrachtet werden. Die Anzahl der für das Aufladen und Transportieren
der Baustoffe und eventuell auch für das Verteilen des Betons innerhalb
der Schalung erforderlichen Arbeitskräfte findet man dabei am besten
aus der für die Arbeitseinheit aufzuwendenden Stundenzahl. Sodann
multipliziert man die Arbeiter- und Handwerkerzahlen mit den entsprechenden Stundenlöhnen und erhält durch Addition den Lohnbetrag der ganzen Belegschaft für eine Stunde.

Die stündlichen Kosten für den Verbrauch der maschinellen
Anlagen (Mischmaschinen, Gießtürme, Transportbänder usw.) berechnet
man auf Grund der Angaben in Kapitel 5. Der für die Berechnung des
Verbrauches erforderliche Kraftbedarf ist für Mischmaschinen aus
obiger Tabelle zu entnehmen. Für Gießtürme ist er verschieden, je
nach Leistungsfähigkeit und Hubgeschwindigkeit der Anlage. Die
„Ibag" (Internationale Baumaschinen-Fabrik A.-G.), Neustadt a. d.
Haardt, gibt den Kraftbedarf in ihren Katalogen z. B. wie folgt an:

Gießtürme:

Type	1	2	3	4	5	6
Inhalt des Aufzugskastens . . l	250	350	500	750	1000	1500
Arbeitshöhe . . . . m	18	18	25	25	25	25
Arbeitsradius . . . . „	18	18	27	27	27	27
Kraftbedarf						
bei $v = 0,5$ m/Sek. . . . PS	7	9	10	18	20	35
„ $v = 1,0$ „ . . . . „	—	—	20	35	40	70
„ $v = 1,5$ „ . . . . „	—	—	30	50	60	105
„ $v = 2,5$ „ . . . . „	—	—	50	85	105	170

Über den Kraftbedarf von Transportbändern siehe Näheres auf S. 17.

Die stündliche Leistung einer Mischanlage erhält man aus der Ergiebigkeit einer Mischung und der Anzahl Mischungen in der Stunde. Jene wird bestimmt durch die Größe der Trommel der Betonmischmaschine, wobei aber wohl zu beachten ist, daß unter Umständen die Trommel mit Rücksicht auf die Größe der Fördergefäße, und zwar sowohl der für den Antransport der Baustoffe als auch der für den Abtransport des Betons benutzten Gefäße, nicht vollständig gefüllt werden kann. In solchen Fällen darf natürlich nicht der Trommelinhalt der Berechnung der Ergiebigkeit einer Mischung zugrunde gelegt werden, sondern der Inhalt des betreffenden Transportgefäßes. Um die in fester Betonmasse ausgedrückte Menge einer Mischung zu erhalten, muß man im weiteren den Trommelinhalt bzw. den Inhalt des für die Berechnung maßgebenden Fördergefäßes durch die Ausbeutezahl des Betons, d. h. 1,33—1,54 (s. S. 99) dividieren.

Was die Anzahl der Mischungen betrifft, so kann man im allgemeinen bei flottgehendem Betrieb mit normalen Unterbrechungen 20 Mischungen/Stunde annehmen. Unter günstigen Umständen, vor allem wenn im Antransport der Betonmaterialien und auch im Abtransport des Betons keine Stockungen zu erwarten sind, wie z. B. bei Beschickung der Mischmaschine aus Silos, kann man auch mit 25 Mischungen/Std. rechnen. Die Leistung von 30—35 Mischungen, die mit modernen Mischmaschinen nicht selten erreicht wird, sollte man aber einer Kostenberechnung nicht zugrunde legen, da diese Zahlen doch mehr oder weniger Spitzenleistungen darstellen und nicht als Durchschnitt für die ganze Bauzeit angesehen werden können.

Müssen andererseits Baustoffe oder Beton über längere Strecken befördert werden oder ist damit zu rechnen, daß im Einbringen des Betons Verzögerungen entstehen werden, wie dies beispielsweise bei komplizierten Bauwerken mit kleinen Abmessungen der Fall sein kann, so werden auch die 20 Mischungen im Durchschnitt nicht mehr zu erzielen sein, und es empfiehlt sich, der Berechnung eine Leistung von ca. 15 Mischungen/Std. zugrunde zu legen. Dasselbe gilt für den Fall, daß alte Geräte benutzt werden müssen, bei denen häufige Betriebsunterbrechungen infolge Defektes zu erwarten sind.

Handelt es sich schließlich um die Ausführung eines Bauwerkes, bei dem täglich ein genau umgrenzter Teil ausgeführt werden muß, wie dies z. B. im Eisenbetonbau häufig vorkommt, oder muß täglich eine volle Anzahl einzelner Bauglieder (z. B. Eisenbetonpfähle) hergestellt werden, so bestimmt diese Menge die stündliche Leistung, und es sind in solchen Fällen dann auch Mischmaschinen wie Transportgeräte nach dieser Leistung zu dimensionieren.

c) Betonschüttungen unter Wasser. Wird Beton mittels Schüttrohren unter Wasser eingebracht, so kann, wenn nicht gerade besondere Verhältnisse vorliegen, ungefähr derselbe Arbeitsaufwand angenommen werden wie bei Herstellung von Stampfbeton, d. h.

bei Handmischung . . . . 6—10 Arb.-Std./cbm Beton
„ Maschinenmischung . . 4— 7   „   „

Die Löhne der Stampfer fallen hier zwar weg, doch sind dafür einige Arbeiter zum Verschieben und Heben des Schüttrohres erforderlich, und außerdem entstehen bei derartigen Ausführungen häufiger Unterbrechungen als bei Betonbauten im Trockenen, was natürlich die Lohnkosten gleichfalls wieder erhöht.

6. Eisenbeton.

Das in den vorstehenden Abschnitten zunächst für nichtarmierten Beton Gesagte gilt natürlich in gleicher Weise auch für Eisenbeton, jedoch mit dem Unterschied, daß sich bei diesem das Einbringen des Betons in die Schalung infolge der Eiseneinlagen etwas teurer gestalten wird, und daß außerdem natürlich noch die Lieferung und die Verarbeitung der Armierung hinzukommen.

a) Materialbedarf. Außer den bereits besprochenen Baustoffen sind für die Herstellung von Eisenbetonbauwerken noch Rundeisen erforderlich. Die Menge dieser Eisen wird am richtigsten in Kilogramm pro Kubikmeter Beton ausgedrückt. Sie ergibt sich im allgemeinen auf Grund einer statischen Berechnung, seltener wird sie gefühlsmäßig festgelegt. Die Eisenmenge schwankt natürlich mit der Art der Eisenbetonkonstruktion innerhalb weiter Grenzen.

Die bei der Verarbeitung der Rundeisen durch Abschnitte entstehenden Verluste berücksichtigt man entweder durch eine Erhöhung der berechneten Eisenmenge oder des Eisenpreises, und zwar um 2—5%, je nach Form und Stärke der Eiseneinlagen sowie der Geschicklichkeit der Arbeitskräfte.

b) Löhne. Die Eiseneinlagen erschweren, wie gesagt, das Einbringen des Betons, während die übrigen Teilarbeiten hiervon natürlich nicht beeinflußt werden. Je nach dem Umfange der Eisen und der Art und Form der Konstruktion muß man daher zu den oben angeführten bzw. zu den nach vorstehendem berechneten Stundenzahlen noch hinzufügen:

bei wenig Eiseneinlagen und einfachen Konstruktionen . . 1—2 Arb.-Std./cbm
„ vielen Eiseneinlagen und komplizierten Konstruktionen 2—3 „

Für Schneiden, Biegen, Transportieren und Einbringen der Eisen werden im allgemeinen folgende Stundenzahlen von Arbeitern und Facharbeitern aufzuwenden sein:

bei einfacher Armierung . . 40— 60 Std./t
„ mittlerer „ . . 70— 90 „
„ komplizierter „ . . 100—120 „
unter Umständen auch noch mehr.

Diese Zahlen setzen sich aus rd. 70% Handwerker- und 30% Arbeiterstunden zusammen, wonach der in die Berechnung einzuführende Durchschnittslohn festzusetzen sein wird.

Die Kosten der Eiseneinlagen für 1 cbm Beton findet man aus der nach Obigem ermittelten Eisenmenge multipliziert mit den Kosten für die Gewichtseinheit.

7. Schalung.

Jedes Betonbauwerk erfordert zu seiner Ausführung die Herstellung und das Vorhalten von Schalungen, sofern diese nicht durch Mauer-

werk, z. B. Verkleidungsmauerwerk, oder durch Spundwände bzw.
Baugrubenwände ersetzt werden. Die Kosten, die hieraus entstehen,
setzen sich zusammen aus den Aufwendungen für Materialbeschaffung
und den Löhnen für Anfertigen, Aufstellen und Wiederabbrechen der
Schalung.

a) Materialien. Zur Herstellung von Schalungen werden benötigt:
Bretter oder Bohlen, Kant- und Rundhölzer, ferner Nägel, Bolzen,
Draht, Blech usw. Die Kosten des Kleineisenzeugs sind im allgemeinen
verhältnismäßig gering, so daß man sie durch eine schätzungsweise Erhöhung der Holzkosten berücksichtigen kann. Eine solche einfache
Schätzung ist schon aus dem Grunde zulässig, weil sich die Schalungskosten, vor allem mit Rücksicht auf die Unsicherheit des Altwertes,
doch nie ganz genau berechnen lassen. Eisenblech dagegen, das bei
der Anfertigung von Schalungsformen ab und zu verwandt wird, sowie
Bolzen zum Zusammenhalten zweier sich gegenüberstehender Schalungs-
wände, die im allgemeinen im Beton verbleiben, sollte man dagegen
genauer veranschlagen.

Die Materialkosten der Schalung werden bestimmt erstens durch
den Umfang der zu beschaffenden Schalung oder, was dasselbe ist,
durch die Häufigkeit ihrer Verwendung, zweitens durch diejenige Holzmenge, die für 1 qm Schalung erforderlich ist, und drittens durch den
Altwert, falls ein solcher noch in Frage kommen sollte.

Hierbei hat man zu unterscheiden zwischen solchen Schalungen,
die aus Tafeln oder Formstücken bestehen und ohne wesentliche
Änderung am selben Bauwerk wiederholt verwandt werden können,
und solchen, die immer wieder von neuem aus einzelnen Brettern
und Unterstützungshölzern zusammengesetzt werden müssen. Jene
Art der Schalung kommt bei Herstellung langgestreckter Bauwerke
mit gleichbleibendem Querschnitt, wie Stützmauern, Kanäle usw.,
zur Verwendung, diese bei allen Bauwerken mit unregelmäßigen
Formen.

Was zunächst die Häufigkeit der Verwendung der Schalung
betrifft, so ergibt sich diese aus der gesamten Schalungsfläche des Bauwerkes und derjenigen Fläche, die gleichzeitig eingeschalt werden muß.
Während sich diese letztgenannte Fläche bei der Anwendung von Schalungsformen angenähert berechnen läßt, muß sie bei unregelmäßigen
Bauwerken meist geschätzt werden, wobei dann vor allem auf die Art
der Bauausführung Rücksicht zu nehmen sein wird.

Handelt es sich im ersten Falle um ein Bauwerk mit geringem
Querschnitt, bei dem an jedem Tage ein bestimmtes Stück fertig-
gestellt werden kann, so erhält man diejenige Bauwerkslänge, für die
die Schalung beschafft werden muß, dadurch, daß man die Länge
dieses Stückes mit der Zeit multipliziert, während der erstens die
Schalung zwecks Erhärten des Betons stehen muß und die zweitens
zum Abbrechen und Wiederaufstellen einer Schalungsstrecke erforderlich ist. Besitzt das Bauwerk aber größere Abmessungen und wird
eine, in ihrer Länge meist durch die Entfernung der Dehnungsfugen
bestimmte Bauwerkstrecke während mehrerer Tage nach und nach her-

gestellt, so braucht man die Schalung für mindestens zwei derartiger Strecken. Die Anzahl ergibt sich aus dem Verhältnis der Zeit, die zum Erhärten des Betons sowie Abbrechen, Transportieren und Wiederaufstellen der Schalung erforderlich ist, zur Ausführungszeit eines Bauwerksstückes, zuzüglich einer Schalungsstrecke.

Die auf diese Weise gefundene Einschallänge muß man natürlich mit Rücksicht auf die stets eintretenden Unregelmäßigkeiten im Baubetrieb erhöhen, und zwar je nach den Verhältnissen um 30—50%. Auch bei einer Schätzung der Schalungsfläche empfiehlt es sich natürlich, stets einen solchen Sicherheitszuschlag zu machen.

Die Erhärtungszeit muß der Art des Bauwerkes sowie der Witterung und der Jahreszeit entsprechend festgesetzt werden; sie schwankt im allgemeinen zwischen 3 und 6 Tagen. Zum Abbrechen, Transportieren und Wiederaufstellen der Schalung am neuen Ort werden meist 1—2 Tage genügen.

Hölzerne Schalungen, mögen sie nun aus fertigen Formen oder aus einzelnen lose zusammengesetzten Teilen bestehen, lassen sich selbstverständlich nur in beschränktem Maße wieder verwenden, da sie durch das wiederholte Aufstellen, Abbrechen und Transportieren immer mehr oder weniger beschädigt werden oder Verluste erleiden. Die im Hinblick hierauf mögliche Zahl der Benutzungen hängt natürlich sehr von der Art und Form der Schalungen ab, aber auch von der Örtlichkeit u. a. m. Während Schalungsformen sich unter normalen Verhältnissen bis etwa 8mal wieder verwenden lassen (unter Umständen, besonders einfache Tafeln auch noch häufiger), kann man bei Schalungen, die immer wieder neu zusammengesetzt werden müssen, mit höchstens 3—4facher Verwendung rechnen, bei komplizierten Bauwerken oft auch nur mit 2facher.

Liegt die für ein bestimmtes Bauwerk berechnete oder geschätzte Verwendungsmöglichkeit unter diesen Zahlen, so wird das Schalungsmaterial nach Baubeendigung also noch nicht ganz unbrauchbar geworden oder aufgebraucht sein und somit noch einen gewissen Altwert besitzen. Dieser Altwert muß jedoch in allen Fällen sehr vorsichtig festgesetzt werden, da gebrauchtes Schalholz bekanntlich immer sehr niedrig eingeschätzt wird. Bei Schalformen wird man guttun, überhaupt nicht mit einem Altwert zu rechnen, falls nicht gerade eine Wiederverwendung der Formen gegeben sein sollte, da die Kosten des Auseinanderschlagens der Schalungsformen und des Ausziehens der Nägel ungefähr dem Altwert des Holzes gleichkommen dürften. Für einfache Bohlen und Kanthölzer dagegen, die sich immer wieder verwenden lassen, kann man einen gewissen Altwert annehmen und von dem Einkaufspreis gleich in Abzug bringen, doch sollte man diesen Wert auch im allergünstigsten Falle nie höher als mit etwa 40% ansetzen.

Übersteigt andererseits die berechnete Verwendungszahl die mögliche, so wird man die Schalung für einen größeren Bauwerksteil beschaffen müssen. In diesem Falle ist die für die vorliegenden Verhältnisse voraussichtlich mögliche Verwendungshäufigkeit maßgebend und ein Altwert der Materialien kommt nicht mehr in Frage.

Hinsichtlich der für 1 qm Schalung erforderlichen Holzmenge können folgende durchschnittlichen Zahlenwerte der Berechnung zugrunde gelegt werden. Es erfordern:

einfache Schalungstafeln, bestehend aus $2^1/_2$ cm starken
    Brettern und Unterstützungshölzer von ca. $^5/_{10}$ cm
    Stärke, in Abständen von etwa 60—70 cm, einschl.
    Absteifhölzern 0,05   cbm Holz
kompliziertere Schalungen, bei denen mit viel Verschnitt
    gerechnet werden muß, sonst wie vor . . . . 0,06—0,08 „   „
Schalungen, bestehend aus 4 cm starken Bohlen, die durch
    ca. $^{12}/_{16}$ cm starke Kanthölzer in Abständen von etwa
    1 m und durch Rundholzsteifen unterstützt werden . 0,06—0,07 „   „
    bei horizontalen Schalungen (z. B. für Decken) ist außerdem
    noch auf je $1^1/_2$—2 qm Fläche eine Stütze zu rechnen.

b) Löhne. Während das Schalungsmaterial im allgemeinen nur für
einen Teil der ganzen einzuschalenden Bauwerksfläche benötigt wird,
muß der Arbeitsaufwand natürlich, abgesehen von der Herstellung der
Tafeln und Formstücke, für die Gesamtfläche berechnet werden.
Auch hierbei hat man zwischen Schalungen, die in gleicher Form immer
wieder benutzt werden können, und solchen, die stets von neuem aus
einzelnen Holzteilen zusammengesetzt werden müssen, zu unterscheiden.
Im ersten Falle besteht die Arbeit zunächst im einmaligen Anfertigen der Tafeln und Formstücke und sodann im wiederholten Aufstellen, Abbrechen, Reinigen, Instandsetzen und Transportieren derselben, im zweiten Falle aus dem Zurechtschneiden und Zusammensetzen
der einzelnen Holzstücke, dem Wiederauseinandernehmen, dem Reinigen
und dem Transportieren nach der neuen Verwendungsstelle. Der Arbeitsaufwand kann für diese Arbeiten ungefähr wie folgt angesetzt werden:

Arbeitsaufwand für	Zimm.-Std.	Arb.-Std.	Zusammen Std.
1. Einfache Schalungstafeln und Schalungs- formen herstellen . . . . . 1 qm Schalung	1,0—1,5	0,5	1,5—2,0
2. Komplizierte Schalungsformen herstellen 1 qm Schalung	bis 5,0	1,0	bis 6,0
3. Schalungstafeln und -formen aufstellen, ab- brechen, reinigen und transportieren 1 qm Schalungsfläche	0,2—0,5	0,3—1,0	0,5—1,5
4. Schalung, bestehend aus Brettern oder Bohlen, Kanthölzern und Rundhölzern, zu- sammensetzen, wieder abbrechen, reinigen und transportieren 1 qm Schalungsfläche			
bei ganz einfachen Schalungen, z. B. für Fundamente	0,5	0,5	1,0
„ Schalungen für einfache aufgehende Bau- werksteile	1,0	0,5	1,5
„ Schalungen für kompliziertere Bauwerks- teile, ferner Eisenbetonträger usw. . .	1,5	1,0	2,5
„ Schalungen für Eisenbetonsäulen und andere ähnliche Eisenbetonkonstruk- tionen.	2,0	1,0	3,0
„ komplizierten Eisenbetonschalungen durchschnittlich . . . . (unter Umständen auch noch mehr)	3,0	1,0	4,0

Die auf 1 cbm entfallenden Schalungskosten ergeben sich nach Vorstehendem nun einfach wie folgt:

Man berechnet zunächst die gesamte einzuschalende Fläche des Betonbauwerkes und dividiert diese Fläche durch die gesamte Betonmenge, wodurch man die Quadratmeter Schalung/cbm Beton findet. Um den Materialanteil der Schalungskosten zu erhalten, dividiert man diese Zahl durch die Häufigkeit der Verwendung und multipliziert das Ergebnis mit der für 1 qm Schalung erforderlichen Holzmenge. Die so gefundenen Kubikmeter Holz multipliziert man sodann mit dem gegebenenfalls um den Altwert ermäßigten durchschnittlichen Holzpreis für Bretter, Bohlen, Kant- und Rundholz und schlägt schließlich für Kleineisenzeug einen gewissen Prozentsatz hinzu. Der Lohnanteil ergibt sich durch Multiplikation obiger Schalungsmenge pro Kubikmeter Beton mit dem aus vorstehenden Zahlen und den entsprechenden Löhnen gefundenen Lohnbetrag für 1 qm Schalung.

8. Nebenarbeiten.

Für die zum Einbringen des Betons erforderlichen Rutschen ist je nach Form und Art des Bauwerkes meist ein kleinerer oder größerer Betrag in die Berechnung einzuführen. Da dieser Anteil am Betoneinheitspreis aber stets von untergeordneter Bedeutung sein wird, genügt es im allgemeinen, ihn, falls keine Erfahrungswerte zur Verfügung stehen, zu schätzen, indem man sich vergegenwärtigt, wieviel Zimmerleute und Hilfsarbeiter mit diesen Arbeiten während der Betonierungsdauer beschäftigt sein werden und welches der Materialverbrauch sein wird.

Müssen Betonoberflächen vor Wiederbeginn der Arbeit zwecks Erzielung eines innigen Verbandes der Betonmassen aufgerauht werden, so entstehen gleichfalls zusätzliche Lohnkosten. Im allgemeinen kann man annehmen, daß diese in den Löhnen für Herstellen und Einbringen des Betons eingeschlossen sind. Nur wenn solche Arbeiten einen im Verhältnis zur Gesamtarbeit größeren Umfang annehmen, müssen sie besonders berücksichtigt werden. In solchen Fällen schätzt man am besten die im ganzen voraussichtlich aufzurauhende Fläche, rechnet, daß das Aufrauhen eines Quadratmeters Beton je nach Härte des Betons und Form des Bauwerkes etwa 0,6—1,2 Arb.-Std. erfordern wird und dividiert die sich so ergebende Stundenzahl durch die gesamte Betonmenge.

Das Einbetonieren von Eisenteilen, wie Anker, Träger usw., verursacht, wenn die Eisenmengen im Verhältnis zum Beton nicht groß sind, keine wesentlichen Kosten, weshalb man sie gleichfalls schätzen oder auch ganz vernachlässigen kann.

10. Maurerarbeiten.

Die bei Ausführung von Maurerarbeiten entstehenden Kosten setzen sich zusammen aus den Aufwendungen für Baustoffbeschaffung, den Löhnen und, je nach der Art des Bauwerkes und den örtlichen Ver-

hältnissen, aus den Kosten für Transporteinrichtungen, Aufzüge u. dgl.,
für Gerüste (z. B. Lehrgerüste) und unter Umständen für Wasserhaltung.
Im allgemeinen machen die ersten beiden Teilbeträge, also Baustoffkosten und Löhne, den Hauptanteil am Einheitspreis aus. Auf diese
soll im vorliegenden Kapitel allein näher eingegangen werden. Hinsichtlich der aus den übrigen Leistungen und Lieferungen entstehenden
Kosten sei auf die an anderer Stelle (Kapitel 5, 11 und 14) gemachten
Angaben verwiesen.

1. Baustoffbedarf.

Die zur Herstellung der verschiedenen Mauerwerksarten erforderlichen Mengen an Steinmaterial und Mörtel sind in nachstehender
Tabelle zusammengestellt.

Die für 1 cbm Zementmörtel benötigte Menge von Bindemittel
und Sand findet man wie in dem vorhergehenden Kapitel (S. 93) beschrieben. Den dort gemachten Angaben zufolge sind im allgemeinen
erforderlich für:

1 cbm Zementmörtel . . 1,25—1,35 cbm oder
i. M. 1,30 „ lose Masse.

Hierbei gilt die kleinere Zahl für Sande mit wenig, die größere für
Sande mit viel Hohlräumen. Der Wasserbedarf beträgt 16—20% des
Rauminhaltes der Trockensubstanz, bei fetten Mischungen etwas mehr,
d. h. 20—25% (s. S. 95).

Bei Kalkmörtel, hergestellt unter Verwendung von Grubenkalk,
braucht man, da gelöschter Kalk in der Grube als vollständig dichte
Masse angesehen werden kann, lediglich die Hohlräume des Sandes zu
berücksichtigen und findet dann für:

1 cbm Kalkmörtel . . . 1,20—1,30 cbm oder
i. M. 1,25 „ lose Masse.

Bei Werksteinmauerwerk hängt die benötigte Mörtelmenge
wesentlich von der Größe und der Form der Werksteine ab. Je regel-
mäßiger die einzelnen Steine behauen sind und je größere Dimensionen
sie besitzen, um so weniger Mörtel wird natürlich gebraucht. Bei Werk-
steinverkleidung, unter Verwendung von Schichtsteinen, besitzen
die Steine fast nie auf die ganze Einbandtiefe die volle Stärke der Ansichtsfläche, sondern verjüngen sich meist rasch. In solchem Falle
wird natürlich wesentlich mehr Mörtel benötigt als bei allseitig bearbeiteten Quadern, und zwar bis 0,30 cbm für 1 cbm Mauerwerk.

Das der Berechnung der Werksteinkosten zugrunde zu legende
Volumen kann auf verschiedene Art und Weise ermittelt werden, entweder durch Multiplikation der Ansichtsfläche mit einer bestimmten, im
allgemeinen der mittleren Einbandtiefe oder, wie es bei Quadern üblich
ist, durch Bestimmung des kleinsten dem Stein umschriebenen recht-
winkligen Parallelepipedes. Handelt es sich im letztgenannten Falle um
unregelmäßig geformte Steine, so ergibt diese Berechnungsweise unter
Umständen ein wesentlich größeres Volumen, als das Mauerwerk überhaupt ausmacht.

Die Kosten des zum Fugen von Mauerwerk erforderlichen Mörtels können im allgemeinen vernachlässigt werden, da sie im Vergleich zu denjenigen des Mauerwerks meist ganz gering sind.

Baustoffbedarf für	Steine	Mörtel	Bemerkungen
1. Trockenmauerwerk . . 1 cbm	1,3—1,5 cbm	— cbm	Steine lose aufgesetzt.
2. Bruchsteinmauerwerk:			Bei gut aufgesetzten
a) bei unregelmäßigen Steinen . . . . 1 „	1,3—1,4 „	0,30—0,40 „	
b) bei lagerhaften Steinen . . . . 1 „	1,2—1,3 „	0,25—0,30 „	Steinen nur 1,1—1,3 cbm
c) häuptig . . . . 1 „	1,3—1,4 „	0,25—0,35 „	erforderlich
3. Werksteinmauerwerk:			
a) gewöhnlich . . . . . . 1 „	siehe unten	0,20—0,30 „	
b) aus Quadern . . . . 1 „	„ „	0,10—0,15 „	
4. Bruchsteinpflaster oder Verkleidung: 20 cm stark . 1 qm	0,20 cbm	0,07 „	
40 „ „ . 1 „	0,40 „	0,15 „	
5. Werksteinplatten . . . 1 „	1,00 qm	0,03 „	
6. Ziegelmauerwerk:			
a) gewöhnlich . . . . . . 1 cbm	400 Stück	0,30 „	
b) für Gewölbe . . . . . . 1 „	425 „	0,30 „	
c) „ Rollschicht . . . . 1 „	425 „	0,25 „	
d) „ „ . . . . 1 qm	55 „	0,03 „	
e) „ Flachschicht . . . . 1 „	32 „	0,02 „	
f) „ Verblendung im Kreuzverband . . . 1 „	80 „	0,05 „	
7. Verputz, etwa 2 cm stark:			Fugen allein benötigt
a) auf Bruchsteinmauerwerk 1 „	—	0,03 „	etwa $\frac{1}{2}$—$\frac{1}{3}$
b) „ Ziegelmauerwerk . . 1 „	—	0,02 „	dieser Mörtelmengen
8. Glattstrich: $\frac{1}{2}$—1 cm stark . . . . 1 „	—	0,01 „	

Bei Ziegelmauerwerk ist in obiger Tabelle für Gewölbe, Rollschicht usw. der Ziegelbedarf etwas höher angesetzt als für gewöhnliches Mauerwerk, da bei solchen Ausführungen zerbrochene Steine nicht verwandt werden können. Beim Mörtelbedarf für Ziegelflachschicht ist ferner angenommen, daß die Ziegel in ein Mörtelbett verlegt werden und nicht nur in Sand; wenn dieses der Fall ist, wird nur etwa die Hälfte des angegebenen Mörtels benötigt werden.

2. Baustoffkosten.

Die Einheitspreise der Baustoffe müssen von Fall zu Fall von den Lieferanten erfragt oder, falls man sie im Eigenbetriebe herstellt, berechnet werden (Kapitel 13). Für Bruchsteine kann angenommen werden, daß 1 cbm Fels unter Berücksichtigung des Abfalles, je nach der Lagerhaftigkeit des Gesteins, 1,2—1,6 cbm Bruchsteine im Haufen gemessen ergibt.

In allen Fällen sind zu den Beschaffungskosten noch sämtliche aus den Transporten bis dicht zur Verwendungsstelle entstehenden Kosten hinzuzufügen. Die zur Berechnung dieser Transportkosten erforderlichen Gewichte sind in der Tabelle auf S. 148 enthalten, außerdem siehe Kapitel 4.

3. Arbeitsaufwand.

Hierunter faßt man zweckmäßigerweise zusammen: das Antransportieren der Baustoffe von einem nahegelegenen Lagerplatz zur Verwendungsstelle, das Zubereiten und Heranschaffen des Mörtels, die Herstellung des Mauerwerkes, Pflasters usw., sowie die erforderlichen kleinen Nebenarbeiten, wie Legen kurzer Transportgleise, Anbringen leichter Maurerrüstungen u. dgl. m. Größere Nebenarbeiten aber sollten, wie bereits eingangs bemerkt, stets besonders veranschlagt werden.

In nachstehender Zusammenstellung sind die demgemäß unter normalen Verhältnissen zur Ausführung der Einheit der verschiedenen Maurerarbeiten aufzuwendenden Maurer- und Arbeiterstunden enthalten. Es ist hierbei vorausgesetzt, daß die Mörtelbereitung von Hand erfolgt; bei maschinellem Mischen des Mörtels kann ungefähr

Arbeitsaufwand für	Maur.-Std.	Arb.-Std.
A. Trockenmauerwerk:		
1. Trockenmauerwerk aus Bruchsteinen:		
a) mit einer Ansichtsfläche . . . . . 1 cbm	2,5—3,5	$(3—4) + 0,5H$*
b) „ zwei Ansichtsflächen und oberer Abdeckung . . . . 1 cbm	4—5	$(3—4) + 0,5H$
B. Mörtelmauerwerk:		
2. Fundamentmauerwerk:		
a) aus Bruchsteinen . . . . 1 cbm	4—6	6—8 ⎫
b) „ Ziegeln . . . . 1 „	4—6	5—7 ⎭ *
3. Aufgehendes Mauerwerk:		
a) aus weichen und mittelharten Bruchsteinen 1 cbm	5—7	$(6—8) + 0,5H$
b) „ harten Bruchsteinen . . . . . 1 „	6—8	$(6—8) + 0,5H$
c) „ kleinen Quadern . . . . 1 „	6—8	$(5—8) + 0,5H$ ⎫
d) „ großen Quadern . . . . 1 „	4—6	$(4—7) + 0,5H$ ⎪ *
e) „ Ziegeln . . . . 1 „	4—6	$(5—7) + 0,5H$ ⎪
f) „ „ Verblendmauerwerk . . 1 „	6—8	$(5—7) + 0,5H$ ⎭
4. Gewölbemauerwerk:		
a) aus Bruchsteinen . . . . 1 cbm	8—10	$(6—8) + 0,5H$ ⎫
b) „ Quadern . . . . 1 „	8—10	$(5—8) + 0,5H$ ⎬ *
c) „ Ziegeln . . . . 1 „	6—8	$(5—7) + 0,5H$ ⎭
5. Mörtelpflaster oder Verkleidung:		
a) aus weichen oder mittelharten Bruchsteinen, 0,25—0,40 m stark . . . . . . 1 qm	2—3	2,0—3,0
b) „ harten Bruchsteinen, 0,25—0,40 m stark . . . . . . 1 „	3—4	2,0—3,0
c) „ Ziegeln: Rollschicht . . . . . 1 „	1,5	1,5—2,0
„ „ Flachschicht . . . . . 1 „	0,8	0,8—1,0
d) „ Kunststeinplatten . . . . 1 „	1,5	1,5—2,0
C. Ansichtsfläche bearbeiten:		
6. Fugen auskratzen und mit Zementmörtel verstreichen bei:		
a) Bruchsteinmauerwerk . . . . 1 qm	0,8	0,4
b) Quadermauerwerk . . . . 1 „	0,6	0,3
c) Ziegelmauerwerk . . . . 1 „	1,0	0,5
7. Putzen mit Zementmörtel:		
a) rauher Putz . . . . 1 qm	0,5	0,4
b) glatter „ . . . . 1 „	0,8	0,4

1 Arb.-Std./cbm Mauerwerk erspart werden. Ferner ist angenommen, daß es sich um Arbeiten von einigem Umfange handelt; bei kleinen Maurerarbeiten werden, wie bei allen Arbeiten geringen Umfanges, stets etwas höhere Kosten entstehen. Werden zum Heranbringen und vor allem zum Heben der Baustoffe maschinelle Einrichtungen benutzt, wie Förderbänder, Turmdrehkrane u. dgl., so kann man die Zahl der Arbeiterstunden, je nachdem die Verhältnisse liegen, mehr oder weniger verringern, doch sind andererseits dann die Gerätekosten und die Betriebskosten dieser Einrichtungen zu berücksichtigen, was in gleicher Weise, wie bei anderen maschinellen Anlagen beschrieben, zu geschehen hat.

In der Tabelle[1] soll H die Gesamthöhe des Mauerwerks bzw. die Höhe des Gewölbescheitels über dem Lagerplatz oder Gelände bezeichnen.

Zu den einzelnen, mit * bezeichneten Arbeiten ist noch zu bemerken:

1.—3. Wenn die Stärke des Mauerwerks S geringer als 1—2 m ist, so sind noch $\frac{1}{S}$ Maurerstunden hinzuzufügen.

1a. Wenn die Baustoffe von oben herunter auf das Mauerwerk gebracht werden können, wie z. B. bei Fundamentmauerwerk, verschwindet natürlich der Wert $0,5\,H$.

2. Bei Fundamentmauerwerk ist angenommen, daß die Materialien von oben herunter auf das Mauerwerk gebracht werden können, und zwar die Steine mittels Rutschen.

3c und d. Es ist angenommen, daß zum Transportieren und Heben der Quader geeignete Vorrichtungen vorhanden sind, andernfalls wird ein wesentlich höherer Arbeitsaufwand erforderlich sein, und zwar unter Umständen für 1 cbm bis 15 Maurer-Std. + (20—25) Arb.-Std.

4. Wenn die lichte Weite des Gewölbes L geringer ist als 3—4 m, so sind noch $\frac{3}{L}$ Maurer-Std. zuzuschlagen.

4. Aufsicht.

Zu der nach Vorstehendem berechneten Lohnsumme für die Ausführung einer Maurerarbeit ist schließlich noch ein Zuschlag für Aufsicht zu machen, den man je nach der Größe der Arbeitskolonne mit etwa 5—8 % der Summe aller Handwerker- und Arbeiterlöhne ansetzen kann, unter Umständen aber auch noch mehr.

Da die einem Maurerpolier unterstellte Arbeitsgruppe aber je nach dem Stand des Baues größer oder kleiner sein wird, und da der Polier auch nach Beendigung der eigentlichen Maurerarbeiten meist noch gehalten wird, auch wenn er nicht nutzbringend beschäftigt werden kann, ist es im allgemeinen richtiger, die Aufsichtskosten bei Maurerarbeiten derart zu berücksichtigen, daß man die während der Bauausführung voraussichtlich entstehende Summe der Löhne aller benötigten Maurerpoliere ermittelt und diese Summe auf die hauptsächlichsten Maurerarbeiten verteilt.

---

[1] Vgl. Th. Janssen, Der Bauingenieur in der Praxis.

11. Zimmererarbeiten.

Wie bei den Maurerarbeiten nehmen auch bei den Zimmererarbeiten im allgemeinen die Kosten für Material und Arbeitsaufwand den größten Anteil des Gesamtpreises für sich in Anspruch. Die übrigen etwa noch für Transporteinrichtungen, Schnürboden, Hilfsrüstungen usw. entstehenden Nebenkosten sind meist unbedeutend und können auf Grund der in diesem Kapitel sowie an anderer Stelle gemachten Angaben entweder angenähert berechnet oder geschätzt werden. Der Gesamtbetrag dieser Nebenkosten ist alsdann auf die hauptsächlichsten Zimmererarbeiten der Bauausführung zu verteilen.

1. Baustoffbedarf.

Zur Ausführung der im Ingenieurbau vorkommenden Zimmererarbeiten, wie Gerüste, Transportstege usw., werden Holz, Kleineisen (Bolzen, Klammern, Schuhe usw.) und eiserne Träger benötigt. Im allgemeinen verursacht das Holz die Hauptkosten.

Die zur Herstellung einer Holzkonstruktion benötigten Baustoffmengen lassen sich, wenn Zeichnungen vorliegen, ohne Schwierigkeit genau berechnen. Beim Holz hat man zu der sich nach den Zeichnungen ergebenden Masse für Verschnitt je nach der Art der Konstruktion noch etwa 3—5 % zuzuschlagen. Stehen bei der Kalkulation aber noch keine genauen Pläne zur Verfügung, oder reicht die Zeit für einen genauen Materialauszug nicht aus, so kann man die erforderlichen Baustoffmengen auf Grund nachstehender Angaben wenigstens angenähert ermitteln.

An Holz (Kantholz, Rundholz, Bohlen usw.) wird benötigt für:

1. **Lehrgerüste und ähnliche Holzkonstruktionen,** je nach Art und Stärke des Gerüstes und den erforderlichen Holzdimensionen, für 1 cbm umbauten Luftraum . . . . 0,03—0,06 cbm
   In ungünstigen Fällen jedoch . . . . bis 0,08 „

   Unter „umbauten Luftraum" ist hierbei derjenige Raum zu verstehen, der sich durch Multiplikation der Ansichtsfläche mit der Gerüsttiefe ergibt. Bei Sprengwerkskonstruktionen ist dabei der g a n z e über den Gewölbekämpfern befindliche Raum zu verstehen.
   Auf 1 cbm Gewölbemauerwerk umgerechnet erhält man . . . . 0,3—0,6   „

2. **Transportstege, ferner Aufstellungsgerüste für eiserne Brücken u. dgl.:**
   a) bei kräftig gebauten Gerüsten, z. B. geeignet zum Befahren mit Baulokomotiven, für 1 cbm umbauten Luftraum . . . . 0,03—0,04 „
      Bei ganz kräftigen Gerüsten jedoch . . . . . bis 0,06 „
   b) bei leicht gebauten Gerüsten, oder kräftigen Gerüsten, deren einzelne Joche nicht miteinander verbunden zu werden brauchen . . . . 0,02—0,03 „

Unter „umbauten Luftraum" ist hier der ganze von dem Gerüst eingenommene Raum zu verstehen. Werden für die Fahrbahn eiserne Träger erforderlich, so sind diese noch besonders zu rechnen, doch können in solchen Fällen obige Holzmengen etwas ermäßigt werden.

3. Pfahlgerüste und Pfahlstege: für die Verzangung der Pfähle und die Abdeckung mittels Bohlen werden benötigt:

a) wenn die Pfähle nur an den Köpfen durch Zangen oder Holme miteinander verbunden werden, für 1 qm Grundfläche . . . . 0,10—0,12 cbm

b) wenn die Pfähle auch noch durch tiefer gelegene Zangen und durch Streben miteinander verbunden werden müssen . . . . 0,14—0,16 „

Der Bedarf an Baubolzen und Klammern beträgt ungefähr für 1 cbm Holz bei:

1. komplizierten Holzkonstruktionen, wie Lehrgerüste, hölzerne Brücken und ähnliche Bauwerke, je nach Stärke der Hölzer . . . . 15—30 kg
Kommen noch Anker, Schuhe usw. dazu, so kann der Bedarf steigen bis etwa . . . . 70 „

2. einfachen Holzkonstruktionen und Transportstegen mit hohen Böcken . . . . 5—15 „

Will man das Gewicht der Bolzen genauer berechnen, so ermittelt man am besten an Hand der Zeichnung die Summe aller Bolzenlängen, gemessen zwischen Kopf und Mutter, d. h. entsprechend den Holzstärken, und multipliziert diese Gesamtlänge mit dem Durchschnittsgewicht der Bolzen, das für Längen von etwa 35—60 cm und $^3/_4{''}$ = rd. 20 mm Stärke

$$3{,}0\text{—}3{,}5 \text{ kg/lfd. m}$$

einschließlich Kopf, Mutter und Unterlagsscheibe beträgt.

Das Gewicht von eisernen Trägern sollte man in allen Fällen genau ermitteln, was an Hand von Zeichnungen oder Skizzen und einfachen statischen Berechnungen im allgemeinen leicht möglich sein wird; ein Schätzen des Gewichtes ergibt zu leicht ungenaue Werte.

2. Baustoffkosten.

Liegt eine genaue Materialliste vor, so lassen sich die Kosten einer Holzkonstruktion auf Grund der einzelnen Mengen und der verschiedenen Einheitspreise leicht berechnen. Bei Holz ist hierbei zu berücksichtigen, daß die Preise je nach Art, Qualität und Abmessungen der Hölzer verschieden hoch sind. Der Holzbedarf ist daher immer getrennt nach Kantholz, Rundholz, Bohlen usw. zu ermitteln und nach Möglichkeit auch noch getrennt nach Abmessungen. Bei Eisen genügt es meist, wenn die erforderlichen Mengen an Klammern, Bolzen, Schuhen und Ankern zusammengefaßt werden und das Gewicht der eisernen Träger wieder für sich bestimmt wird. Ist der Baustoffbedarf nur an Hand von Erfahrungswerten, wie z. B. den oben angeführten, er mittelt worden, so muß man natürlich geschätzte Durchschnittspreise in die Berechnung einführen.

Bei **provisorischen Holzkonstruktionen**, wie Baugerüste, Transportstege, Lehrgerüste usw., hat man bei der Kostenberechnung außer den Beschaffungspreisen der Materialien auch noch deren **Altwert** zu berücksichtigen. Dieser richtet sich nach der Art des Materials, der Art seiner Verwendung, der Benutzungsdauer und, nicht zuletzt, der Verkaufs- oder Wiederverwendungsmöglichkeit. Meist muß der Altwert geschätzt werden, was aber immer mit Vorsicht geschehen soll. Man zieht ihn bei der Kalkulation am besten gleich vom Beschaffungspreis der Baustoffe, Holz wie Eisen, ab und führt die ermäßigten Preise in die Berechnung ein.

Andererseits ist bei provisorischen Holzkonstruktionen zu beachten, daß aus baulichen Gründen häufig ein Teil nicht wiedergewonnen werden kann. Diese verlorengehenden Baustoffmengen sind natürlich bei der Berechnung der Einnahmen aus einem späteren Verkauf auszuschließen.

3. Arbeitsaufwand.

Bei Ausführung von Zimmererarbeiten entstehen folgende Arbeitsleistungen: Abbinden, Aufstellen und eventuell Wiederabbrechen der Holzkonstruktionen, ferner Transportieren der einzelnen Hölzer und Eisenteile vom Lagerplatz nach dem Schnürboden, von diesem zum Aufstellungsort und gegebenenfalls nach Abbruch wieder nach einem Lagerplatz zurück, und schließlich das Bearbeiten von Eisenteilen, wie Bohren und Verlaschen von Trägern, Herstellen von Ankern usw.

Während das Abbinden, Aufstellen und Abbrechen von Zimmerleuten ausgeführt wird, verwendet man für die Transporte meist Arbeiter und zur Bearbeitung der Eisenteile Schmiede und Schlosser. Die Kosten dieser letzten Arbeitsleistung faßt man am besten mit dem Einheitspreis der Eisenteile zusammen, so daß diese also unter den Baustoffkosten erscheinen. Zur Berechnung der übrigen Arbeitsleistungen mögen die in nachstehender Tabelle enthaltenen Werte dienen.

Wie man sieht, beziehen sich diese Daten auf 1 lfd. m (bzw. 1 qm) Holz. Man wählt bei der Berechnung der Lohnkosten als Einheit zweckmäßigerweise zunächst das **Längen-** und nicht das **Raummaß** des Holzes, da man auf diese Weise wesentlich genauere Ergebnisse erhält, und zwar gilt dies nicht nur bei der Verwendung langer, schwacher Hölzer, sondern auch für starke Abmessungen. Der Grund hierfür ist der, daß bei gleichbleibender Länge, aber wechselnden Holzdimensionen sich die Arbeitskosten nur in verhältnismäßig geringem Umfange ändern, das Volumen dagegen sehr stark. Aus diesem Grunde schwanken die Kubikmeterpreise für den Arbeitsaufwand auch in bedeutend weiteren Grenzen als die Meterpreise, und Erfahrungswerte, die sich auf dieses Maß beziehen, lassen sich daher auch wesentlich besser wieder verwerten als diejenigen, die für 1 cbm Holz bestimmt wurden.

Hat man die Kosten für 1 lfd. m Holz berechnet, so läßt sich der Kubikmeterpreis auf Grund der Massenberechnung leicht ermitteln. Liegt eine Massenzusammenstellung noch nicht vor, so sucht man sich den am häufigsten vorkommenden Holzquerschnitt heraus oder schätzt den durchschnittlichen Querschnitt und dividiert den gefundenen Einheitspreis für 1 lfd. m Holz bzw. 1 qm Bohle durch diesen, wodurch man den gewünschten Kubikmeterpreis wenigstens angenähert erhält. Im allgemeinen kann man annehmen, daß bei Holzkonstruktionen mit kräftigen Hölzern rd. 30 lfd. m auf 1 cbm entfallen, bei Konstruktionen mit schwächeren Hölzern rd. 50 lfd. m, so daß für 1 cbm also je nach vorliegender Holzstärke das 30—50fache der in nachstehender Tabelle enthaltenen Stundenzahlen zu rechnen ist.

Arbeitsaufwand für	Zimm.-Std.	Arb.-Std.
A. Abbinden, Transportieren und Aufstellen:		
1. Komplizierte Holzkonstruktionen, wie Lehrgerüste, Brücken, Kräne usw., mit Holzdimensionen von etwa 12/16—30/30 . . . . 1 lfd. m	1,2—1,6	0,2—0,4
mit Holzdimensionen von etwa 10/10—20/20 1 „	1,0—1,4	0,1—0,3
2. Einfache Holzkonstruktionen, die zum Teil ohne vorhergehendes Abbinden aufgestellt werden können, sonst wie vor. . . . . 1 lfd. m	0,8—1,2	0,2—0,4
bei schwächeren Dimensionen . . . . . . 1 „	0,6—1,0	0,1—0,3
3. Holzkonstruktionen mit langen und nicht zu starken Hölzern und einfachen Schwellen, wie Transportstege und Aufstellungsgerüste für eiserne Brücken, bestehend aus hohen Rundholzböcken, die in der Hauptsache ohne vorhergehendes Abbinden aufgestellt werden können, mit Holzdimensionen von etwa 10/14—24/24 . . . . 1 lfd. m	0,4—0,6	0,2—0,4
4. Dieselben, jedoch im allgemeinen schwächer, d.h. Holzdimensionen von etwa 10/10—20/20 1 lfd. m	0,3—0,5	0,1—0,3
5. Pfahlgerüste und Pfahlstege, Verzangungen und Schwellen aufbringen, einschließlich Zurechtziehen und Abschneiden der Pfähle . . . . 1 lfd. m	0,6—1,0	0,2—0,4
6. Bohlenbelag auf Gerüsten und Transportstegen anbringen . . . . 1 qm	0,3—0,4	0,1—0,3
7. Einfaches Geländer auf Transportstegen anbringen. . . . . 1 lfd. m Geländer	0,8—1,2	0,1—0,3
8. Eiserne Träger ohne Vorbereitung antransportieren und einbauen . . . . 1 t	5—10	15—25
B. Abbrechen und Wegschaffen:		
1. Komplizierte Holzkonstruktionen, wie oben 1 lfd. m	0,3—0,4	
2. Einfache Holzkonstruktionen, wie oben . . 1 „	0,2—0,3	
3. Holzkonstruktionen mit langen und nicht zu starken Hölzern, wie oben. . . . . 1 lfd. m	0,2—0,3	
4. Dieselben, jedoch im allgemeinen schwächer, wie oben. . . . . 1 lfd. m	0,1—0,2	0,1—0,4 je nach Holzstärke
5. Verzangungen v. Pfahlgerüsten usw., wie oben 1 „	0,2—0,3	
6. Bohlenbelag, wie oben . . . . 1 qm	0,1—0,2	
7. Einfaches Geländer, wie oben . . 1 lfd. m Geländer	0,1—0,2	
8. Eiserne Träger, wie oben . . . . 1 t	3—5	7—15

Enthalten die Gerüste besonders starke und lange Balken, so muß man für deren Verarbeitung und besonders auch für ihren Transport einen höheren Arbeitsaufwand rechnen, als im Vorstehenden angegeben ist, es sei denn, daß geeignete Transport- und Hebevorrichtungen zur

Verfügung stehen. Das gleiche gilt auch hinsichtlich starker eiserner Träger, deren Transport sowie Ein- und Ausbau unter Umständen wesentliche Kosten verursachen werden.

4. Aufsicht.

Hinsichtlich der Kosten für die Aufsicht gilt das für Maurerarbeiten Gesagte (S. 113). Man kann diese Kosten also entweder durch einen Zuschlag zu den Zimmerer- und Arbeiterlöhnen in Höhe von etwa 5—8% berücksichtigen, oder indem man die gesamten während der ganzen Bauausführung voraussichtlich aufzuwendenden Löhne für Zimmerpoliere ermittelt und auf die hauptsächlichsten Zimmererarbeiten verteilt.

12. Pflasterarbeiten.

Im Zusammenhang mit Ingenieurbauten gelangen häufig auch Pflasterarbeiten zur Ausführung, wie z. B. bei Herstellung von Brückenfahrbahnen, bei Befestigung von Uferböschungen u. a. m. Zur Veranschlagung derartiger Arbeiten mögen die nachstehenden kurzen Angaben dienen.

Im allgemeinen kommen im Ingenieurbau folgende **Pflasterarten in Frage:**

a) **Kopfsteinpflaster:** bestehend aus Feldsteinen, die nur an den Seiten etwas bearbeitet sind, während der Kopf rund gelassen ist, Höhe 10—20 cm.

b) **Polygonal- oder Spaltpflaster:** bestehend aus Steinen mit ebener Kopffläche und beliebig vielen rauh bearbeiteten Seitenflächen, die entweder durch Spalten von Feldsteinen oder aus Bruchsteinen hergestellt werden, Höhe 15—20 cm.

c) **Reihenpflaster:** bestehend aus regelmäßig bearbeiteten Steinen mit rechteckiger Kopffläche und gleicher Breite, Höhe 15—20 cm.

d) **Kleinpflaster:** bestehend aus kleinen, regelmäßig bearbeiteten Steinen mit rechteckiger Kopffläche, Höhe 6—12 cm.

Zur Herstellung des Pflasters ist stets eine **Unterbettung** notwendig, die in Stärke und Zusammensetzung sehr verschieden sein kann und von der Art des Pflasters, den Anforderungen, die an dieses gestellt werden, sowie der Tragfähigkeit des Untergrundes abhängen wird. Man unterscheidet dabei:

Einfache Sandlage: Stärke 6—30 cm.

Schotter- oder Kieslage mit darüber aufgebrachter Sandschicht: Schotter oder Kies 12—20 cm stark, Sand 5—10 cm.

Packlage: bestehend aus hochkant gestellten Bruchsteinen, die mit der breiten Seite nach unten dicht im Verband gesetzt und deren Zwickel von oben mit grobem Schotter ausgefüllt werden, mit darüberliegender Schotter- oder Sandschicht. Packlage 10—20 cm stark, Schotter und Sand je 5—10 cm.

Betonlage mit darüber aufgebrachter Sandschicht: jene 12—20 cm, diese 3—5 cm stark.

Die **Kosten,** die aus der Ausführung von Pflasterarbeiten entstehen, setzen sich gewöhnlich aus den Kosten der erforderlichen Bau-

stoffe und den Löhnen zusammen. Baugeräte gelangen nur ausnahmsweise zur Verwendung.

1. Baustoffe.

Es werden nach Vorstehendem benötigt: Pflastersteine, Bruchsteine,
Schotter, Kies, Sand und schließlich Wasser. Die Einzelmengen dieser
verschiedenen Materialien sind, da sie sich ganz nach der jeweiligen
Stärke und Zusammensetzung der Straßen- oder Böschungsbefestigung
richten werden, von Fall zu Fall zu ermitteln. Dies gilt besonders
hinsichtlich der zur Herstellung der Unterbettung benötigten Baustoffe.

Für 1 qm Pflaster- oder Packlagefläche benötigt man je nach
der Höhe der Steine ungefähr folgende Mengen an Steinen im Haufen
gemessen:

Kopfsteinpflaster	10—20 cm hoch	0,11—0,22 cbm	
Polygonalpflaster	15—20 „ „	0,18—0,24 „	
Reihenpflaster .	15—20 „ „	0,20—0,27 „	
Kleinpflaster . .	6—12 „ „	0,08—0,15 „	
Packlage	10—20 „ „	0,12—0,24 „	

Zu den Kaufpreisen der Baustoffe bzw. den Gestehungskosten bei
Gewinnung im Eigenbetriebe sind, wie immer, alle aus dem Antransport
bis dicht zur Verwendungsstelle erwachsenden Auslagen hinzuzufügen.
Die zur Berechnung dieser Auslagen benötigten Raumgewichte der verschiedenen Materialien können aus spezifischem Gewicht des Gesteins
(s. Tabelle auf S. 148) und Umfang der festen Bestandteile im Material (vgl. S. 121) ermittelt werden.

Die Kosten des Wassers darf man im allgemeinen vernachlässigen,
da sie gegenüber den übrigen Materialkosten verschwindend klein sind.
Nur wenn die Wasserleitung nicht bis dicht zur Baustelle reichen sollte
und das Wasser herangebracht werden muß, ist ein entsprechender
Betrag in die Berechnung einzuführen, der sich aus Menge und Kubikmeterpreis ergibt.

2. Arbeitsaufwand.

Zur Berechnung des Lohnanteils von Pflasterarbeiten mögen die nachstehenden, für mittlere Verhältnisse gültigen Durchschnittswerte dienen.

Arbeitsaufwand für	Pflast.-Std.	Arb.-Std.
1. Planum regulieren zur Herstellung von Pflaster 1 qm	—	0,3—0,4
2. Sand einbringen und ausbreiten . . . . . . 1 cbm	—	0,8—1,0
3. Kies oder Schotter einbringen und ausbreiten 1 „	—	1,0—1,4
4. Betonunterlage herstellen . . . . 1 „	—	10—15
5. Packlage herstellen, einschließlich Ausfüllen der Zwickel . . . . 1 qm	0,6	0,4
6. Pflaster in Sandbettung herstellen, einschließlich Ab-rammen desselben, Einschlemmen von Sand in die Fugen usw.:		
Kopfsteinpflaster . . . . 1 qm	0,8	0,8
Polygonalpflaster . . . . 1 „	1,0	1,0
Reihenpflaster . . . . 1 „	1,2	1,2
Kleinpflaster . . . . 1 „	1,4	1,4

Zu allen diesen Werten sind für Aufsicht noch etwa 8 % zuzuschlagen.

13. Aufbereitung von Sand und Schotter.

Wird auf einer Baustelle anläßlich der Ausführung von Erd- oder Felsarbeiten Steinmaterial gewonnen, das sich zur Herstellung von Sand oder Schotter eignet, oder kann solches Material aus der Umgebung der Baustelle vorteilhaft bezogen werden, sei es durch Kauf vorhandener oder durch Eröffnung neuer Sand- und Kiesgruben bzw. Steinbrüche, so kommt für die Beschaffung der Betonzuschlagstoffe oder des Mauersandes für den Unternehmer die Aufbereitung im Eigenbetrieb in Frage.

Die Kosten, die aus einer derartigen Herstellung von Sand und Schotter entstehen, setzen sich zusammen aus den Aufwendungen für die Beschaffung des Rohmaterials einschließlich Antransport zur Aufbereitungsanlage, den Kosten für die eigentliche Herstellung, den Transportkosten des gewonnenen Materials und schließlich den aus der Verwendung von Baugeräten und Maschinen entstehenden Auslagen. Die nachstehenden Angaben mögen als Anhalt zur Berechnung dieser verschiedenen Teilbeträge der Sand- und Schotterpreise dienen.

1. Bedarf an Baugeräten.

An Baugeräten werden für die Herstellung von Sand und Schotter benötigt: die Transportgeräte für Antransport der Rohmaterialien sowie für Abtransport der gewonnenen Baustoffe, bei maschineller Aufbereitung außerdem noch Walzwerke oder Sandmühlen bzw. Steinbrecher mit ihren Antriebsmaschinen, und gegebenenfalls Schrägaufzüge, Becherwerke, Sortiertrommeln und Wascheinrichtungen. Größe und Umfang aller dieser Geräte richten sich nach der täglich herzustellenden Sand- oder Schottermenge, die ihrerseits wieder durch den geforderten Baufortschritt bedingt wird. Größe und Leistungsfähigkeit der verschiedenen Aufbereitungsanlagen sind aus den untenstehenden Tabellen zu entnehmen; über Transportgeräte enthalten die Kapitel 4 und 6 nähere Angaben.

Bei Sandaufbereitungsanlagen ist zu unterscheiden zwischen einfachen Walzwerken und Brecher-Walzwerken. Jene verwendet man, falls der Rohstoff aus Schotter, Kies oder Kiessand besteht, diese bei gröberem Material, das eine vorhergehende Zerkleinerung durch Brecher erfordert. Zwischen dem Brecher und den Walzen wird bei derartigen Geräten meist ein Becherwerk angeordnet, um das vorgebrochene Material nach dem Walzwerk zu befördern.

2. Gerätekosten.

Die Kosten, die aus der Verwendung von Baugeräten zur Gewinnung von Sand und Schotter entstehen, wird man im allgemeinen für sich berechnen und zu den übrigen Teilbeträgen der Baustoffe zuschlagen, um auf diese Weise den Gesamtpreis des betreffenden Materials zu erhalten. Nur wenn auf die Feststellung dieses Preises kein Wert gelegt werden sollte, faßt man die Kosten der Geräte der Einfachheit halber mit denjenigen des übrigen Bauinventars zusammen und verteilt sie mit diesen auf alle Bauarbeiten. Die Gerätekosten setzen sich aus den üblichen vier Teilbeträgen zusammen, über die in Kapitel 15 Näheres gesagt ist.

Die zur Berechnung der Transportkosten erforderlichen Gewichte können aus den untenstehenden Gerätetabellen entnommen werden, wobei zu beachten ist, daß die daselbst für Walzwerke und Steinbrecher angegebenen Werte nur für diese Geräte allein, d. h. ohne etwa noch erforderliche Aufzüge gelten. Die Höhe der Installationskosten richtet sich nach Art, Größe und Zusammensetzung der Aufbereitungsanlagen. Durchschnittlich werden aufzuwenden sein für Aufstellen und Abbrechen von:

        Aufbereitungsanlagen . . . . 35—45 Std./t
            wenn auf Fahrgestell montiert . . .   15   „

3. Rohstoffbedarf.

Für den Bedarf an Rohstoffen zur Herstellung von Sand und Schotter lassen sich keine allgemeingültigen Werte angeben, da dieser Bedarf sowohl von der Art und Zusammensetzung des Rohmaterials als auch der Art und Zusammensetzung des zu gewinnenden Baustoffs und natürlich auch von dem Gestein abhängig ist. Wenn der Umfang der Hohlräume oder vielmehr der festen Bestandteile im Rohstoff und im Sand bzw. Schotter bekannt wäre, ließe sich der Bedarf rechnerisch leicht feststellen. Im allgemeinen liegen aber bei der Kalkulation hierüber noch keine Daten vor, so daß man mehr oder weniger auf Schätzung angewiesen ist. Nimmt man für die verschiedenen in Frage kommenden Materialien folgende durchschnittliche Prozentsätze für die festen Bestandteile an (vgl. auch S. 95):

        Kiessand . . . . 63 % feste Masse
        Kies . . . . 58 %   „   „
        Sprengtrümmer, gemischt . . . . . . 65 %   „   „
        Bruchsteine . . . . 52 %   „   „
        Feldsteine . . . . 55 %   „   „
        Sand, gemahlen . . . . 60 %   „   „
        Schotter, nur eine Korngröße . . . . 53 %   „   „
            „   verschiedene Korngrößen . . 60 %   „   „

so findet man nachstehende Mengen für den Bedarf an Rohstoffen, die, sofern keine genaueren Daten zur Verfügung stehen, der Berechnung zugrunde gelegt werden können:

    1 cbm Sand erfordert bei Gewinnung aus
            Kiessand . . . . 0,95 cbm
            Kies 1,04   „
            Sprengtrümmern, gemischt . 0,93   „
            Bruchsteinen 1,15   „
            Feldsteinen 1,09   „
    1 cbm Schotter mit gleichmäßigem Korn bei Gewinnung aus
            Bruchsteinen . . . . 1,02 cbm
            Feldsteinen 0,97   „
    1 cbm Schotter mit ungleichmäßigem Korn bei Gewinnung aus
            Sprengtrümmern . . . . . . 0,93 cbm
            Bruchsteinen 1,15   „
            Feldsteinen 1,09   „

Alle diese Mengen setzen voraus, daß das Rohmaterial in vollem Umfange zur Herstellung der Baustoffe verwandt werden kann. Muß man bei der Aufbereitung mit Abfällen rechnen, so erhöht sich der Bedarf entsprechend, und zwar unter Umständen ganz wesentlich.

4. Kosten der Rohstoffe.

Aus der Beschaffung der Rohstoffe können Kosten entstehen, bei Bezug von dritter Seite durch Kauf oder durch Abgaben für die Benutzung der Sand- und Kiesgruben bzw. der Steinbrüche, bei Gewinnung auf der Baustelle selber durch Sortieren der Aushubs- oder Ausbruchsmassen und getrenntes Transportieren und Lagern der ausgesonderten Mengen. Besondere Abgaben sind bei der Gewinnung der Rohstoffe auf der Baustelle dagegen im allgemeinen nicht zu bezahlen. In jenem Falle sind die Kosten an Ort und Stelle zu ermitteln, da sie ganz von den jeweiligen Verhältnissen abhängen werden, in diesem müssen sie im Zusammenhang mit den betreffenden Erd- oder Felsarbeiten berechnet werden.

5. Transportkosten.

Die Kosten, die aus dem Transport der Rohstoffe zur Aufbereitungsanlage und der aufbereiteten Materialien zur Verwendungsstelle entstehen, können sehr verschieden hoch sein, da sich diese Transporte auf ganz verschiedene Art ausführen lassen. Bei den zweiten Transporten ist zu beachten, daß Sand und Schotter meist von der Aufbereitungsanlage zunächst nach einem Lagerplatz gebracht und erst von diesem je nach Bedarf nach dem Verwendungsort geholt werden. Häufig verwendet man für diese Zwischenlagerung Silos, die dann meist unter oder nahe der Sortieranlage angeordnet werden, so daß aus dem Transport der aufbereiteten Materialien bis zu diesen Lagerbehältern keine Kosten entstehen, mit Ausnahme der zum Heben der Stoffe aufzuwendenden zusätzlichen Betriebskraft.

Aber auch bei verhältnismäßig großen Silos muß man stets eine gewisse Menge Sand bzw. Schotter in Haufen stapeln, um ständig einen genügend großen Vorrat zur Verfügung zu haben. Für diese Massen sind natürlich Transportkosten zum Depot zu rechnen und ferner beim Wiederaufnehmen Kosten für das Laden daselbst in Fördergefäße, eine Arbeit, die meist von Hand ausgeführt wird. Welcher Bruchteil der ganzen Baustoffmenge über diesen Lagerplatz gehen muß, hängt ganz von den jeweiligen Verhältnissen ab. Da er im allgemeinen von vornherein nicht genau festgesetzt werden kann, weil die Menge im wesentlichen durch die Unregelmäßigkeiten des Betriebes bedingt wird, empfiehlt es sich, diesen Anteil sicherheitshalber immer reichlich hoch anzunehmen. Das gleiche gilt natürlich auch für den Fall, daß die Silos an der Mischmaschine angeordnet werden, da man auch dann Reservedepots in Form von Haufen vorsehen muß.

Zur Berechnung der Transportkosten können die in den Kapiteln 4 und 6 gemachten Angaben verwandt werden; die Gewichte der in Frage kommenden Materialien lassen sich auf Grund der Angaben auf S. 121 über die Prozentsätze von fester Masse in den verschiedenen Baustoffen, sowie der Gewichte der Felsarten (Tabelle auf S. 148) berechnen.

Bei der maschinellen Herstellung von Schotter ist, besonders wenn unsortierter Felsausbruch zur Verarbeitung gelangt, zu berücksichtigen, daß häufig ein kleinerer oder größerer Überschuß an feinen Bestandteilen entsteht, der nicht verwandt werden kann und somit abbefördert werden muß. Die hieraus erwachsenden zusätzlichen Transportkosten dürfen bei der Berechnung des Schotterpreises nicht vergessen werden.

6. Aufbereitung von Sand.

a) Handarbeit. Die Kosten der Sandgewinnung bei Aussieben aus Kiessand richten sich in erster Linie nach dessen Sandgehalt und können, da dieser natürlich sehr verschieden ist, innerhalb weiter Grenzen schwanken. Das Werfen von losem Kiessand durch das Sieb kostet (s. S. 28) durchschnittlich etwa 0,8 Arb.-Std./cbm. Enthält der Kiessand also z. B. $^1/_3$ Sand, so kostet die Gewinnung von

1 cbm Sand etwa 2,5 Arb.-Std.,

was als Durchschnittswert angenommen werden kann.

b) Maschinelle Arbeit. Außer den bereits erwähnten Gerätekosten sind bei maschineller Arbeit noch die aus dem Betrieb entstehenden Auslagen zu berücksichtigen, die man, wie bei allen maschinellen Betrieben, am besten dadurch erhält, daß man die stündlichen Aufwendungen durch die stündliche Leistung dividiert. Zur Berechnung dieser Kosten können die in nachstehenden beiden Tabellen enthaltenen Zahlen benutzt werden, sowie die in Kapitel 5 gemachten Angaben. Die erste der beiden Zusammenstellungen bezieht sich auf einfache stationäre Walzwerke, die zweite auf kombinierte Brecherwalzwerke, und zwar liegen dieser die von der Ibag (Internationale Baumaschinen-Fabrik A.-G. in Neustadt a. d. Haardt) gebauten fahrbaren Anlagen zugrunde.

Stationäre Walzwerke:

Durchmesser der Walzen mm	250	350	40u	600	750
Breite der Walzen . . . . mm	350	400	500	500	600
Konstruktionsgewicht . t	1,3	1,6	2,2	3,3	6,5
Leistung je nach Körnung cbm/Std.	0,7—1,0	0,9—1,2	1,2—1,6	1,6—2,1	2,2—2,8
Kraftbedarf . . . . PS	3—4	4—6	6—8	8—10	10—12
Bedienungspersonal Mann	3—4	3—4	3—4	4—5	4—5

Brecherwalzwerke:

Brechermaul . . . . Breite/Weite	300/200	400/200
Walzen . . . . Durchmesser/Breite	350/400	400/500
Konstruktionsgewicht . . . . t	4,9	6,0
Leistung je nach Körnung. . . . . . . cbm/Std.	0,8—1,1	1,1—1,4
Kraftbedarf . . . . PS	15	18
Bedienungspersonal . . . . Mann	3—4	3—4

Das Bedienungspersonal einer Sandaufbereitungsanlage besteht aus 1 Maschinisten, bei Antriebsmaschinen mit Dampfkraft noch aus 1 Heizer, 1—2 Mann am Einwurf zum Einschieben des Rohmaterials und 1 Mann zur Bedienung des Auslaufs. Das Entladen (Kippen) und Rangieren der mit dem zu mahlenden Material ankommenden Fördergefäße faßt man der besseren Übersicht wegen richtiger mit dem Antransport dieser Materialien zusammen und das Rangieren der mit Sand gefüllten Wagen oder anderen Fördergefäße dementsprechend mit dem Abtransport. Bei den 1—2 Mann am Einwurf ist vorausgesetzt, daß das entladene Rohmaterial zum Teil direkt in den Trichter vor dem Walzwerk oder Brecher fällt und der Rest hineingeschoben werden kann, also nicht erst mit der Schaufel hineingeworfen zu werden braucht. Liegen die örtlichen Verhältnisse jedoch so, daß letzteres erforderlich wird, so braucht man natürlich mehr Leute. Ihre Anzahl läßt sich in diesem Falle leicht aus der Leistung der Anlage und der Leistungsfähigkeit eines Arbeiters berechnen, wobei man annehmen kann, daß dieser in einer Stunde ungefähr das Material für 1 cbm Sand einzuschaufeln vermag. Hierbei ist natürlich zu bedenken, daß am Einwurf höchstens für 3—4 Arbeiter Platz zum Schaufeln vorhanden ist.

Über die Kosten der Verbrauchsstoffe für die Antriebsmaschine siehe Kapitel 5 (S. 22). Den Schmiermittelverbrauch muß man bei Sand- wie auch bei Schotteraufbereitungsanlagen der starken Staubentwicklung wegen stets etwas höher annehmen als bei anderen maschinellen Einrichtungen.

Die Leistung einer Sandaufbereitungsanlage hängt in der Hauptsache von der Größe des verlangten Kornes und der Härte des Gesteins ab. Die in vorstehenden Aufstellungen angegebenen Leistungszahlen gelten für ein Gestein von mittlerer Härte, bei hartem Material sind sie unter Umständen wesentlich zu ermäßigen. Außerdem ist wie üblich ein normaler Betrieb mit normalen Unterbrechungen vorausgesetzt. Sind häufigere oder länger anhaltende Betriebsunterbrechungen zu erwarten, wie sie sich z. B. einstellen, wenn aus irgendeinem Grunde die Anlage nicht ihrer Leistungsfähigkeit entsprechend beschickt oder der Sand nicht in vollem Umfang abgefahren werden kann, so sind die Leistungen gleichfalls, und zwar diesen Unterbrechungen entsprechend, zu verringern. Bei den kombinierten Brecherwalzanlagen ist die Leistung stets etwas geringer als bei den einfachen Walzwerken, da infolge des vorgeschalteten Brechers der gleichmäßige Strom des Materials durch die Anlage häufiger unterbrochen wird als bei diesen.

7. Aufbereitung von Schotter.

a) Handarbeit. Das Schlagen von Schotter aus Feld- oder Bruchsteinen mittels Hammer kostet für den im Haufen gemessenen Schotter ungefähr:

bei weichem Gestein	5—8	Arb.-Std./cbm
„ mittelhartem Gestein	10—13	„
„ hartem Gestein	15—20	„

b) Maschinelle Arbeit. Während beim Schlagen von Hand meist ein Schotter von angenähert gleichem Korn gewonnen wird, liefern die Steinbrecher ein Material, in dem die verschiedensten Korngrößen, von dem durch die Einstellung der Brecherbacken bedingten Größtmaß bis zum feinsten Sand, enthalten sind. Die Mengen der einzelnen Korngrößen sind je nach der Art des Rohstoffes und der Härte des Gesteins verschieden, und zwar kann das Verhältnis der Mengen zueinander innerhalb sehr weiter Grenzen schwanken. Außerdem liefert der Brecher auch zeitlich je nach der Zusammensetzung des Rohstoffes ein verschieden zusammengesetztes Schottermaterial. Da dieses Material also im allgemeinen nicht ohne weiteres zur Herstellung eines guten Betons geeignet ist, trennt man es in der Regel zunächst nach Korngrößen, um es alsdann in dem gewünschten Verhältnis wieder zusammenzusetzen. Zu diesem Zwecke schließt sich an den eigentlichen Brecher einer Schotteranlage meist eine Sortiereinrichtung in Form einer Siebtrommel oder eines Rüttelsiebes mit verschieden großer Lochung an, von denen das Material in kleinere oder größere Vorratsbehälter läuft. Läßt sich diese Siebeinrichtung mit Rücksicht auf die örtlichen Verhältnisse nicht unter dem Brecher anordnen, so muß das gebrochene Material in Becherwerken oder auch mit Förderbändern erst noch gehoben werden.

Falls es nicht möglich sein sollte, das Rohmaterial direkt in den Brecher einzubringen, so müssen gleichfalls Hebeeinrichtungen vorgesehen werden, und zwar verwendet man dabei für kleinstückiges Material meist Becherwerke, für grobstückiges Muldenaufzüge oder Schrägaufzüge mit Gleis.

Wie bei Sandmühlen, so findet man auch hier die aus dem Betrieb der Aufbereitungsanlage entstehenden Kosten am einfachsten aus den stündlichen Aufwendungen und der durchschnittlichen stündlichen Leistung. In nachstehender Tabelle sind für verschiedene Brechergrößen Durchschnittswerte für die Leistung angeführt, die der Berechnung der Kosten zugrunde gelegt werden können. Diese Mengen gelten stets für das noch nicht sortierte Material wie es aus dem Brecher kommt. Auch hier hängt die Leistungsfähigkeit der Anlage im wesentlichen von der gewünschten Korngröße und der Härte des zu brechenden Gesteins ab. Die Zahlen der Tabelle gelten für mittelhartes Gestein. Wie bei den Sandaufbereitungsanlagen ist ferner ein normaler Betrieb mit den üblichen Unterbrechungen vorausgesetzt. Übersteigen die Betriebsunterbrechungen dies normale Maß, so sind die Leistungen zu ermäßigen (s. S. 124). Enthält das Material einen Überschuß an einer der verschiedenen Korngrößen, der sich nicht verwenden läßt, so muß die Leistungszahl gleichfalls verringert werden. Außerdem sind in solchem Falle, wie oben bereits erwähnt, auch noch die Kosten für den Abtransport dieses überschüssigen Materials zu berücksichtigen.

Die in nachfolgender Tabelle angeführten Werte für den Kraftbedarf der Antriebsmaschine gelten für den Brecher allein. Enthält die Anlage außerdem noch Siebtrommel und Becherwerke, so ist die

Steinbrecher:

Brechermaul: Breite . . . . mm	250	300	400	500	600
„ Weite . . . . mm	150	200	250	300	350
Gewicht von ortsfesten Brechern . . . t	1,5	2,0	3,5	5,0	9,0
„ „ fahrbaren „ . . . t	2,0	3,0	4,5	6,5	11,0
Leistung bei Grobbruch . . . cbm/Std.	2,0	3,5	6,0	10,0	13,0
„ „ 50—60 mm Spalt „	1,4	2,5	4,5	7,0	9,5
„ „ Feinbruch . . . . „	0,8	1,5	2,5	4,0	5,5
Kraftbedarf bei Grobbruch . . . . . PS	3,0	7,0	10,0	15,0	20,0
„ „ 50—60 mm Spalt . . „	3,5	8,0	11,0	17,0	23,0
„ „ Feinbruch . . . . . „	4,0	9,0	12,0	19,0	26,0
Bedienungspersonal:					
Maschinist	1	1	1	1	1
Heizer (eventuell)	(1)	(1)	(1)	(1)	(1)
Arbeiter	2—3	2—3	2—4	3—5	3—5

Kraft entsprechend zu erhöhen, wobei die in nachstehenden Zusammenstellungen enthaltenen Durchschnittszahlen benutzt werden können.

Siebtrommeln:

Durchmesser der Trommel . . . . mm	600	800	1000	1200	1500
Länge der Trommel bei 3 Siebfeldern m	2,50	3,50	4,50	5,00	5,50
Gewicht der Trommel . . . . t	0,60	1,00	2,00	3,00	5,00
Leistung . . . . cbm/Std.	2,00	4,00	7,00	10,00	15,00
Kraftbedarf . . . . PS	0,80	1,50	2,00	3,00	5,00

Schräge, offene Elevatoren (Becherwerke):

Becherbreite . . . . mm	150	200	250	300	400	500
Passend zu Steinbrecher mit Maul- größe	250/150	250/150	300/200	400/250	500/300	600/350
Gewicht bei 10 m Förderhöhe . t	1,00	1,25	1,50	1,75	2,00	2,25
Kraftbedarf bei 10 m Förderhöhe PS	0,60	1,00	1,50	2,00	3,00	4,00

Die Bedienungsmannschaft von Steinbrecheranlagen besteht,
wie bei den Sandaufbereitungsanlagen, aus dem Maschinisten (eventuell
zuzüglich einem Heizer), 1—2 Mann (wenn das Rohmaterial in den Trichter
geschaufelt werden muß, bis 3—4 Mann) am Einwurf (S. 124) und der
Bedienung des oder der Ausläufe. Wird der gebrochene Schotter nicht
sortiert, so genügt für die letzte Bedienung, wie bei den Walzwerken,
ein Arbeiter. Findet jedoch ein Aufteilen des Materials nach Korngröße
statt und muß jedes Korn für sich aus Trichtern oder Silos entnommen
werden, so sind mehr Leute notwendig, und zwar je nach der Zahl
der verschiedenen Korngrößen 1—3 Mann. Die Auslagen, die aus dem
Entleeren der ankommenden Wagen und dem Rangieren der abgehenden
Fördergefäße entstehen, faßt man auch hier zweckmäßigerweise mit den
Antransport- bzw. Abtransportkosten zusammen.

Bei großen Aufbereitungsanlagen ist außer den soeben aufgeführten
Arbeitskräften meist noch ein weiterer Mann zur Unterstützung des
Maschinisten erforderlich; dafür läßt sich in solchen Fällen aber die

Arbeitskolonne am Einwurf in den Brecher durch Anordnen von besonderen maschinell betriebenen Aufgabeeinrichtungen auf einen Mann ermäßigen.

14. Wasserhaltung.

Die Beseitigung des Wassers aus Baugruben zwecks Ausführung von Ausschachtungs- oder Bauarbeiten im Trockenen kann auf zweierlei Art erfolgen. Entweder leitet man das Wasser auf der Baugrubensohle durch Drainagen nach einem tiefergelegenen Pumpensumpf und entfernt es dort mittels Pumpen oder man senkt den gesamten Wasserspiegel im Bereiche der Baugrube durch Abpumpen des Wassers aus einer Anzahl Filterbrunnen. Die erste dieser beiden Wasserhaltungsarten wird weitaus am häufigsten angewandt, da die zweite, die sogenannte Grundwasserabsenkung, verhältnismäßig hohe Kosten verursacht und auch nur in wasserdurchlässigem Boden möglich ist.

Die aus der Beseitigung des Wassers während der Bauausführung erwachsenden Kosten gehören, da diese Arbeit meist für mehrere Bauarbeiten erforderlich wird, eigentlich schon zu den Aufwendungen allgemeiner Natur. Der besseren Übersicht wegen empfiehlt es sich jedoch im allgemeinen, die Wasserhaltungsarbeiten für sich zu veranschlagen und sie sodann direkt auf diejenigen Bauarbeiten zu verteilen, die unter Wasserhaltung ausgeführt werden müssen. Nur die Kosten, die aus der Beschaffung und dem Vorhalten der Wasserhaltungsgeräte entstehen, faßt man dagegen der Einfachheit halber besser mit den Kosten der übrigen Baugeräte zusammen und verteilt sie mit diesen auf die ganze Arbeit.

1. Bedarf an Baugeräten.

Für Wasserhaltungsarbeiten benötigt man Pumpen (bei Handbetrieb meist Diaphragmapumpen, bei maschinellem Betrieb Zentrifugalpumpen), die zugehörigen Schläuche bzw. Rohrleitungen, bei Anwendung der Grundwasserabsenkungsmethode noch Filterbrunnen und natürlich die Antriebsmaschinen, meist Lokomobilen oder Elektromotoren. Stärke der Pumpen, Länge der Leitungen und Zahl der Filterbrunnen hängen ganz von der zu beseitigenden Wassermenge und den örtlichen Verhältnissen ab. Da jene sich im voraus nie ganz genau bestimmen läßt, muß die Stärke der Pumpe immer bis zu einem gewissen Grade auf Grund von Erfahrungen geschätzt werden. Mit Rücksicht hierauf empfiehlt es sich, die Stärke stets reichlich groß zu wählen, um im Betrieb keine unangenehmen Überraschungen zu erleben. Die übrigen Teile der Pumpenanlage lassen sich genügend genau an Hand von Plänen oder Skizzen ermitteln. Anzahl, Anordnung und Stärke der Filterbrunnen müssen auf Grund praktischer Erfahrungen bestimmt werden. Zu beachten ist, daß die Saughöhe einer Pumpe das Maß von rund 6,00 m nicht übersteigen darf. Die Stärke der Antriebsmaschine wird durch die Größe der anzutreibenden Pumpe und die Förderhöhe bestimmt.

Bei Ermittlung der zweckmäßigsten Pumpe und der erforderlichen Stärke der Antriebsmaschine können die Werte der nachstehenden beiden Tabellen als Anhalt dienen.

Diaphragmapumpen:

| Durchmesser der Saugleitung . . { Zoll | $2^1/_2$ | 3 | 4 |
mm	64	76	102
Leistung:			
einfach wirkend . . cbm/Std.	6	12	20
doppelt „ . . „	—	24	40
Kraftbedarf bis:			
4 m Saughöhe . . . . . Mann	1	1	2
6 „ „ . . . . . „	1	2	3—4

Zentrifugalpumpen:

Durchmesser . . . . mm	100	125	150	200	250	300
Gewicht der Pumpe. . . . t	0,20	0,30	0,40	0,60	0,80	1,20
Gewicht von 1 m Leitung . t	0,027	0,035	0,04	0,06	0,08	0,10
Leistung . . . . . cbm/Min.	1,0	1,5	2,2	4,0	6,2	9,0
„ . . . . . . l/Sek.	17,0	25,0	37,0	67,0	103,0	150,0
Kraftbedarf bei						
3 m Förderhöhe . . . PS	1,9	2,8	3,5	6,5	10,0	15,0
5 „ „ . . . „	2,5	3,7	5,5	10,0	15,0	22,0
7 „ „ . . . „	3,5	5,0	7,5	13,0	20,0	28,0
10 „ „ . . . „	4,5	7,0	10,0	17,0	27,0	38,0
15 „ „ . . . „	6,5	9,5	14,0	26,0	39,0	56,0

Unter „Förderhöhe" ist in dieser Tabelle die manometrische Förderhöhe, d. h. die Summe von Saughöhe, Druckhöhe und Rohrleitungswiderstand, zu verstehen.

In allen Fällen ist bei Wasserhaltungsanlagen stets für eine ausreichende Reserve zu sorgen, damit ein unfreiwilliges Steigen des Wasserspiegels während der Bauausführung sicher verhütet werden kann. Bei geringem Wasserandrang und kleineren Baugruben wird es meist genügen, wenn die einzelnen Teile der Reserveanlage auf der Baustelle bereitliegen, bei starkem Wasserandrang dagegen und umfangreicheren Arbeiten sollte die Reserve schon bei Beginn des Pumpens betriebsfertig aufgestellt sein, so daß sie jederzeit bei Versagen irgendeines Teiles der Anlage sofort in Gang gesetzt werden kann. Über den Umfang der Reserve muß man sich von Fall zu Fall schlüssig werden, im allgemeinen sollte sie aber mindestens etwa 50% der direkt erforderlichen Anlage betragen.

2. Gerätekosten.

Über die Berechnung der Gerätekosten siehe zunächst das in Kapitel 15 Gesagte.

Zur Berechnung der Transportkosten können die in obiger Tabelle für Zentrifugalpumpen zusammengestellten Gewichte von Pumpen und Rohrleitungen benutzt werden. Das Gewicht der zu einer Pumpenanlage noch gehörenden Schieber, Fußventil mit Saugkorb, Teleskoprohr usw. berücksichtigt man am besten durch einen Zuschlag zu der Länge der Rohrleitung und zwar in Höhe von etwa 2—3 m. Bei Diaphragmapumpen können die Transportkosten, da unbedeutend, vernachlässigt werden.

Die Installationskosten lassen sich auf Grund folgender Angaben angenähert berechnen:

> Aufstellen und Abbrechen einer Zentrifugalpumpe, einschließlich Saug- und Druckleitung und einschließlich kleiner Unterfangungen, jedoch ohne Antriebsmaschine, ohne Umbau während des Betriebes und ohne Pumpensumpf, bei
>
> Pumpen mit einem Durchmesser von 100—200 mm   60—200 Std.
> „   „   „   „   „   250—300 „   250—350 „

Hinsichtlich der Kosten der Antriebsmaschine sowie etwa erforderlicher Gerüste und Schuppen siehe Kapitel 5, 11 und 16 (S. 139).

Die Herstellung des Pumpensumpfes kann unter Umständen wesentliche Kosten verursachen, besonders in schwimmendem Boden, bei dem Stülpwände gerammt oder große Zementrohre abgesenkt werden müssen. Auch die Herstellung von Entwässerungsgräben auf der Baugrubensohle und längs Spundwänden, durch die das Wasser nach dem Pumpensumpf geleitet werden soll, sowie das Fassen und Ableiten von Quellen sind Arbeiten, die sich unter Umständen recht kostspielig gestalten können und daher bei keiner Kalkulation außer acht gelassen werden sollten. Alle aus derartigen Arbeiten entstehenden Kosten müssen mehr oder weniger geschätzt werden.

Bei Grundwasserabsenkungsanlagen kommen zu den Installationskosten der Pumpen noch das Bohren und Wiederausziehen der Brunnen und die Kosten für das Legen und Wiederaufnehmen der Sammelleitungen hinzu. Die Höhe dieser Kosten ist abhängig von den örtlichen Verhältnissen und der Art des Bodens, in den die Brunnen gebohrt werden müssen. Häufig müssen die Leitungen unterstützt werden, wodurch zusätzliche Installationskosten entstehen. Bei den Brunnen ist stets mit einem gewissen Verlust an Filtern zu rechnen, die im Boden steckenbleiben, auch den Verschleiß an Gummidichtungen sollte man stets mit einem nicht zu geringen Betrage in der Rechnung berücksichtigen.

Bei Festsetzung der Reparaturkosten schließlich ist eventuell noch zu beachten, daß die Abnutzung von Pumpen und Leitungen bei sandhaltigem Wasser immer bedeutend größer ist als bei lehmigem oder schlammigem Wasser.

3. Betriebskosten.

Im allgemeinen muß der Betrieb einer Pumpenanlage, wenn erst einmal mit Pumpen begonnen worden ist, ununterbrochen bis zur Vollendung der unter Wasserspiegel herzustellenden Bauwerksteile durchgeführt werden, d. h. sowohl Tag und Nacht als auch an Regen- und Feiertagen, auch wenn an diesen nicht gearbeitet wird. Der Fall, daß nur während der eigentlichen Arbeitszeit gepumpt zu werden braucht, kommt nur bei ganz geringem Wasserdrang vor, beispielsweise zu Beginn von Ausschachtungsarbeiten. Bei der Ausführung des Bauwerkes dagegen muß die Anlage in der Regel ständig im Gange sein.

Bei Berechnung der Betriebskosten einer Wasserhaltungsanlage darf man daher nicht in der bei maschinellen Betrieben sonst üblichen Weise vorgehen, daß man die Summe der stündlichen Aufwendungen durch die durchschnittliche stündliche Leistung, also im vorliegenden Falle Kubikmeter Bodenaushub, Kubikmeter Beton usw., dividiert, sondern man muß die Kosten, die während der ganzen Zeit der Wasserhaltung entstehen werden, ermitteln und ihre Summe dann auf sämtliche in dieser Zeit zu leistenden Massen verteilen. Die Höhe dieser Kosten findet man durch Multiplikation der täglichen Betriebskosten mit der voraussichtlichen Anzahl der Pumpentage.

Bei Handpumpen ergeben sich die Betriebskosten einfach aus den Löhnen der an den Pumpen beschäftigten Arbeiter (s. obige Tabelle).

Bei maschinell betriebenen Pumpen wird außer dem Maschinisten der Antriebsmaschine immer noch ein Mann zum Reinigen und Freihalten des Saugkorbes im Pumpensumpf benötigt. Hinsichtlich der Löhne dieser Bedienungsmannschaft sowie der Kosten der Verbrauchsstoffe der Antriebsmaschine siehe Kapitel 5. Bei ununterbrochenem 24stündigem Betrieb fällt der zu dem Maschinistenlohn sonst hinzuzufügende Zuschlag von 25% allerdings weg, dafür müssen aber unter Umständen Zulagen für Nachtarbeit gerechnet werden.

Die zum Antreiben der Pumpe aufzuwendende Kraft ist außer von der Größe der Pumpe, d. h. der Wassermenge, natürlich auch von der Förderhöhe abhängig. In obiger Tabelle ist der Kraftbedarf für fünf verschiedene Förderhöhen angegeben, für dazwischenliegende Höhen kann er mit genügender Genauigkeit geschätzt werden. Es empfiehlt sich im allgemeinen zur Sicherheit, wie auch der Einfachheit halber, für die ganze Dauer des Betriebes die der größten Förderhöhe entsprechende Kraft der Berechnung zugrunde zu legen.

Ist der Wasserandrang nicht so stark, daß die Pumpe ständig arbeiten muß, sondern kann sie während des Betriebes ab und zu stillgelegt werden, so verringert sich der Kraftbedarf. Dieser Umstand wird sich jedoch nur bei elektrischem Antrieb bemerkbar machen, bei dem der durchschnittliche stündliche Stromverbrauch geringer sein wird. Bei Dampfmaschinen dagegen, die ständig unter Dampf gehalten werden müssen, wird die Ersparnis an Kohlen und Schmiermaterial so gering sein, daß sie unberücksichtigt bleiben kann. Eine Ermäßigung des Lohnanteils der Betriebskosten kommt bei derartigen Betriebsunterbrechungen überhaupt nicht in Frage, da die Bedienungsmannschaft natürlich während ihrer ganzen Schicht an der Pumpenanlage in Bereitschaft sein muß, ob gepumpt wird oder nicht.

Bei Grundwasserabsenkungsanlagen treten an Stelle des obenerwähnten Mannes am Saugrohr 1—2 Leitungswächter. Die Betriebskosten der Antriebsmaschinen lassen sich hier gleichfalls auf Grund der Angaben des Kapitels 5 sowie des soeben Gesagten berechnen.

Was die Dauer der ganzen Wasserhaltung betrifft, d. h. die in die Berechnung einzuführende Zahl der Pumpentage, so findet man diese am besten auf Grund des Bauprogramms. Wasserhaltung muß natürlich für die ganze Zeit des Arbeitens unter Wasserspiegel, also sowohl für den Bodenaushub wie auch für die Ausführung des Bauwerkes, gerechnet werden. Eine möglicherweise eintretende Verlängerung der Bauzeit infolge von Unterbrechungen der Arbeit ist hierbei stets in Erwägung zu ziehen und überhaupt die Wasserhaltungszeit sicherheitshalber immer reichlich lang anzunehmen.

15. Gerätekosten.

Aus der Verwendung von Baugeräten und maschinellen Einrichtungen entstehen außer den Betriebskosten, wie bereits früher erwähnt, noch verschiedene andere Auslagen, die bei der Kalkulation zweckmäßigerweise unter dem Titel „Gerätekosten" zusammengefaßt und am Schluß der Berechnung auf die einzelnen Bauarbeiten verteilt werden. Es sind dies die Auslagen für Gerätebeschaffung, die Transportkosten, die Installationskosten und die Reparaturkosten.

Die Verteilung der Gerätekosten auf die verschiedenen Bauarbeiten kann auf zweierlei Art erfolgen. Entweder wird ihre Summe gleichmäßig auf alle Arbeiten verteilt, oder aber man belastet die einzelnen Arbeiten nur mit den Kosten der für ihre Durchführung benötigten Geräte, also z. B. die Betonarbeiten nur mit den Kosten der Betonmischanlage nebst zugehörigen Transporteinrichtungen, die Erdarbeiten nur mit den Kosten von Baggern, Transportgeräten und Gleisen. In diesem Falle sind dann lediglich die Kosten des Allgemeingerätes (s. S. 141) gleichmäßig auf alle Arbeiten umzulegen. Diese zweite Art der Verteilung ergibt ohne Zweifel ein genaueres Bild der Kosten, erfordert aber mehr Arbeit und Aufmerksamkeit, weshalb die erste Verteilungsweise häufig bevorzugt wird.

1. Auslagen für Gerätebeschaffung.

Werden für eine Bauausführung Maschinen oder Baugeräte von dritter Seite leihweise übernommen, so ergeben sich die Kosten hierfür aus Mietpreis und Mietdauer. Diese ist stets reichlich lang anzunehmen, wobei die Zeiten für An- und Rücktransport nicht vergessen werden dürfen. Werden die Geräte während der Mietdauer voraussichtlich längere Zeit stilliegen, z. B. infolge Arbeitsunterbrechung durch die Wintersperre, so wird man unter Umständen für diese Zeit mit einem etwas niedrigeren Satz rechnen können.

Steht dem Unternehmer dagegen eigenes Baugerät zur Verfügung, oder beschafft er sich solches für die betreffende Bauausführung, so hat er die aus der Tilgung und Verzinsung der Anschaffungskosten entstehenden Beträge in die Berechnung einzuführen. Diese werden beide am besten in Prozentsätzen des Gerätewertes ausgedrückt.

Die Sätze, die für die Tilgung der Beschaffungskosten anzunehmen sind, müssen sich in erster Linie nach der voraussichtlichen Lebensdauer der Maschinen und Geräte, außerdem aber auch nach dem Maße der Entwertung infolge von Neuerungen und Verbesserungen auf dem betreffenden Spezialgebiet richten. Sie sollen so festgesetzt werden, daß sie der jeweiligen Wertminderung des Inventars entsprechen. Dies erreicht man angenähert, wenn man im ersten Betriebsjahr etwa 20—35% der Anschaffungswerte, in den darauffolgenden zwei Jahren 10—25% und in den weiteren 5—15% dieser Werte rechnet, und zwar in der Weise, daß die Geräte nach einer Benutzungsdauer von etwa 4—12 Jahren getilgt sein werden.

In der Tabelle auf S. 137 sind diejenigen Zeiten zusammengestellt, innerhalb deren die Beschaffungskosten der verschiedenen Geräte zweckmäßigerweise getilgt werden. Bei diesen Zahlen ist vorausgesetzt, daß die Geräte während des ganzen Jahres in Benutzung sind. Andererseits ist angenommen, daß die abgenutzten Maschinen- und Geräteteile stets nach Bedarf durch neue ersetzt, und daß die Geräte nach jeder Arbeitsperiode und vor allem nach Baubeendigung gründlich überholt werden. Bei andauernder Tag- und Nachtarbeit ist die Abschreibungsdauer entsprechend zu kürzen.

Natürlich läßt sich die Tilgung der Gerätekosten auch auf andere Weise durchführen. Man kann z. B. im ersten Jahre 20—35% vom Neuwerte abschreiben und in den folgenden Jahren vom abgeschriebenen Wert je nach der Lebensdauer des Gerätes einen kleineren oder größeren Prozentsatz absetzen. Wie die Abschreibung aber auch gehandhabt wird, stets sollte man darauf achten, daß gleich im ersten Jahre ein größerer Teil der Beschaffungskosten getilgt wird, da gebrauchte Geräte schon nach kurzer Benutzungsdauer immer wesentlich unter ihrem Neuwert eingeschätzt werden.

Alle diese Abschreibungssätze gelten für Maschinen, die sich nach Baubeendigung auch an anderer Stelle wieder verwenden lassen. Handelt es sich dagegen um ein Gerät, das für eine besondere Arbeit beschafft werden muß und für das eine weitere Verwendung nicht oder in absehbarer Zeit nicht in Frage kommt, so müssen seine Beschaffungskosten natürlich anläßlich des betreffenden Baues in vollem Umfange oder wenigstens größtenteils abgeschrieben werden, gleichgültig, während welcher Zeit es in Benutzung ist, und gleichgültig, ob es sich nach Beendigung der Arbeit noch in brauchbarem Zustande befindet oder nicht.

Die **Dauer**, auf die die Abschreibung der Geräte bei einer Bauausführung zu rechnen ist, sollte man sicherheitshalber immer reichlich lang ansetzen und, wie bei der Miete, natürlich stets auch die Zeiten für den An- und Abtransport, sowie für das Aufstellen und Abbrechen der Geräte einschließen. Liegen die Geräte zwischen zwei Bauausführungen längere Zeit unbenutzt auf Lagerplätzen, so kann für die Abschreibung während dieser Zeit ein geringerer Satz angenommen werden. Gänzlich absehen von einer Abschreibung sollte man aber auch in diesem Falle nicht, da die Geräte, wenn sie auch nicht benutzt werden, doch, wie gesagt, durch Veralten an Wert verlieren.

Die **Verzinsung der Anschaffungskosten** muß man vom jeweiligen Gerätewert rechnen, d. h. bei neuen Geräten vom Kaufpreis, bei alten vom abgeschriebenen Wert. Als Zinsfuß kann man einen Satz annehmen, der um eine Kleinigkeit über dem jeweiligen Reichsbankdiskontsatz liegt. Hierbei dürfte der Umstand berücksichtigt sein, daß der Gerätewert sich im Laufe der Verzinsungsperiode infolge der Abschreibung verringert. Die Verzinsung muß natürlich nicht nur auf die Dauer der Bauausführung gerechnet werden, sondern auch für diejenige Zeit, während der die Geräte nicht in Benutzung sind.

2. Transportkosten.

Hierunter sind sämtliche Kosten zu verstehen, die aus dem Transport der Geräte vom Lagerplatz bis zur Verwendungsstelle auf dem Bauplatz und von dieser wieder zurück erwachsen, also nicht nur die Frachten für Hin- und Rücktransport, sondern auch die Kosten für Auf- und Abladen sowie für eventuelle Transporte auf der Baustelle selber.

Zunächst sei auf Kapitel 4, Transportkosten, verwiesen, dessen Inhalt sinngemäß auch auf die Veranschlagung der Transporte von Baugeräten angewandt werden kann.

Die Kosten, die der Transport von Baugeräten und Maschinen verursacht, berechnet man stets unter Zugrundelegung der Gewichte und der Kosten für die Gewichtseinheit. Jene sind in den tabellarischen Zusammenstellungen der vorhergehenden Kapitel enthalten. Zur Ermittlung der Kosten mögen folgende Angaben dienen:

a) Bahntransporte. Wie für Baustoffe, so liegen auch für Baugeräte Tarife vor, auf Grund deren die Kosten von Fall zu Fall leicht berechnet werden können.

b) Schiffstransporte. Auch für den Transport von Baugeräten empfiehlt es sich, jeweils von Schiffseigentümern Angebote einzuholen.

c) Kraftwagen- und Fuhrwerkstransporte. Diese lassen sich in ganz gleicher Weise veranschlagen wie die entsprechenden Transporte von Bau- und Verbrauchsstoffen; siehe daher zunächst das auf S. 12 Gesagte. Zu beachten ist hier jedoch noch, daß das Lademaß dieser Transportgeräte meist nicht voll ausgenutzt werden kann, besonders wenn sperrige Gegenstände zu befördern sind, was die Transportkosten unter Umständen wesentlich erhöht. Stehen zum Beladen und Entladen keine guten Vorrichtungen (Kräne u. dgl.) zur Verfügung, so erwachsen an den Endstationen der Fahrt lange Aufenthalte, was bei der Berechnung der Tourenzahl zu berücksichtigen ist. Für den Transport schwerer Maschinen oder Maschinenteile, wie Lokomotiven, Baggerkessel usw., berechnet man sich zweckmäßigerweise Pauschalbeträge, indem man die für den betreffenden Transport voraussichtlich erforderliche Zahl von Gespannen bzw. die Stärke des Kraftwagens, die Zahl der Arbeitskräfte, sowie die für den Transport notwendige Zeit schätzt und sodann die eventuell noch entstehenden Nebenkosten für Spezialwagen usw. hinzufügt.

d) Tragtiertransporte. Hierüber siehe das auf S. 13 Gesagte. Sind sperrige Güter zu befördern, so ist das dort angegebene Lademaß von 80 kg natürlich zu verringern.

e) Handtransporte. Nicht selten müssen die Baugeräte von dem Ausladeplatz bis zur Verwendungsstelle noch von Hand befördert werden, und zwar entweder auf Gleitbahnen oder, bei größeren Entfernungen, auf vorhandenen bzw. besonders hierfür gelegten Gleisen. Auch die hieraus entstehenden Kosten sollte man der besseren Übersicht wegen stets zu den Transportkosten rechnen und nicht mit den Installationskosten zusammenziehen; sie können unter Umständen eine beträchtliche Höhe erreichen, besonders wenn es sich um schwere Gegenstände handelt.

Bei Transporten auf Gleisen mittels Plattformwagen lassen sich die Kosten gemäß den für Baustoffe gemachten Angaben berechnen, wobei folgender Durchschnittswert (vgl. S. 15) zugrunde gelegt werden kann:

$$\frac{L}{50} \cdot 0{,}07 \text{ Arb.-Std./t}$$

$$L = \text{Transportweite} + 50 \cdot \text{Steigung in m} + (50\text{—}100 \text{ m}).$$

Bei großen und schweren Stücken wird man aber meist sicherer gehen, wenn man die Transportkosten schätzt, indem man sich vergegenwärtigt, wieviel Leute zum Transport erforderlich sein werden und welche Zeit der Transport in Anspruch nehmen wird. Eine solche Schätzung sollte stets auch bei den anderen Handtransporten als Kontrolle der Rechnung gemacht werden.

f) Auf-, Ab- und Umladen. Die Kosten dieser Arbeiten lassen sich auf Grund folgender Werte berechnen:

<pre>
Aufladen von Baugeräten. . . . 2,0—3,0 Arb.-Std./t
Ab- oder Umladen . . . . 1,5—2,5   „
</pre>

Von diesen Stundenzahlen gelten die kleineren jeweils für niedrige Transportgeräte wie Pritschenwagen, die größeren für Eisenbahnwaggons. Es ist vorausgesetzt, daß die Baugeräte oder ihre einzelnen Teile vom Lagerplatz direkt in oder auf die Transportwagen geladen werden können oder vorher doch wenigstens nur wenige Meter an diese herangebracht werden müssen, und daß sie auch nach dem Abladen nicht noch transportiert zu werden brauchen.

Kommen schwere oder unhandliche Stücke in Frage, so gelten vorstehende Werte nur noch für den Fall, daß gute Umladevorrichtungen (Kräne) zur Verfügung stehen, anderenfalls werden die Kosten wesentlich höher sein und müssen wieder geschätzt werden.

Häufig werden die Geräte auf der Baustelle nur abgeladen und erst nachträglich nach der Verwendungsstelle gebracht, eventuell unter Benutzung von Wagen und Gleisen. In solchen Fällen kann man, falls es sich um nicht allzu große Transportweiten handelt, durchschnittlich ungefähr rechnen:

<pre>
Transportieren auf der Baustelle
  einschl. Auf- und Abladen . . 4,0 Arb.-Std./t.
</pre>

3. Installationskosten.

Unter dieser Bezeichnung faßt man alle Kosten zusammen, die aus dem Aufstellen und Abbrechen von Baumaschinen und Geräten, sowie gegebenenfalls auch aus einem teilweisen Abbrechen, Transportieren und Wiederzusammensetzen während des Baues entstehen, ferner die Kosten für Unterfangungen, Fundamente und Überdachungen der Geräte und Maschinen. Größere Schuppen, Maschinenhäuser u. dgl. veranschlagt man dagegen besser im Zusammenhang mit den übrigen auf der Baustelle zu errichtenden provisorischen Gebäuden. Da die Installationskosten einzeln meist nur einen verhältnismäßig kleinen Anteil des Gesamtpreises ausmachen, genügt im allgemeinen eine angenäherte Ermittlung auf Grund von Erfahrungswerten.

Zur Berechnung des Lohnanteils der Installationskosten sind in den vorhergehenden Kapiteln unter dem Titel „Gerätekosten" jeweils Zahlenwerte angeführt, welche die Anzahl Stunden von Arbeitern und Handwerkern wiedergeben, die für das einmalige Aufstellen und Abbrechen der betreffenden Maschinen und Geräte unter normalen Verhältnissen aufzuwenden sein werden. Diese Zahlen sind zum Teil in Arbeitsaufwand für die Gewichtseinheit (Std./t) ausgedrückt und müssen in diesem Falle natürlich noch mit dem Gewicht der betreffenden Maschine oder des Gerätes multipliziert werden, um die Gesamtstundenzahl für Aufstellen und Abbrechen zu erhalten.

Als Lohnsatz führt man, da bei Installationsarbeiten im allgemeinen etwa auf 2 Handwerker 1 Arbeiter entfällt, einen Durchschnittslohn in die Berechnung ein, der sich ungefähr aus $^2/_3$ Handwerkerlohn und $^1/_3$ Arbeiterlohn zusammensetzt. Die Kosten, die aus einem teilweisen Abbrechen und Wiederaufstellen von Baugeräten während der Bauausführung entstehen, lassen sich an Hand dieser Zahlen mit genügender Genauigkeit schätzen. Von den Löhnen entfallen ungefähr $^2/_3$ auf das Aufstellen von Maschinen und Geräten und ungefähr $^1/_3$ auf das Abbrechen.

Während der Arbeitsaufwand für Herstellen und Abbrechen kleinerer Unterfangungen der Baugeräte in den genannten Zahlen als eingeschlossen betrachtet werden kann, müssen bei größeren Fundament- und Unterfangungsarbeiten die Lohnkosten besonders berechnet werden. Hierzu, wie auch für die Berechnung der dabei entstehenden Materialkosten, schätzt oder berechnet man die Holz-, Beton- oder Mauerwerksmassen, die zur Ausführung dieser Maschinenfundamente und Unterstützungen notwendig sein werden und ermittelt an Hand der in den Kapiteln über Zimmerer-, Beton- und Maurerarbeiten enthaltenen Daten die entstehenden Lohnbeträge und Materialkosten. Von den letztgenannten kann man, je nachdem die Verhältnisse liegen, eventuell einen kleinen Bruchteil für Altwert in Abzug bringen.

Bei den obenerwähnten Stundenzahlen ist ferner angenommen, daß vor der Montage an den Maschinen keinerlei Reparaturen und Instandsetzungsarbeiten ausgeführt werden müssen, und daß ferner die einzelnen Stücke der Geräte lediglich zusammengesetzt oder für den Abtransport auseinandergenommen zu werden brauchen, also keine Transporte in Frage kommen. Die aus diesen Arbeiten entstehenden Auslagen berücksichtigt man besser bei der Berechnung der Reparatur- bzw. Transportkosten. Die Kosten der Aufsicht dagegen dürften in den Stundenzahlen berücksichtigt sein.

Schließlich sei noch darauf hingewiesen, daß zum Aufstellen neuer Spezialgeräte meist Monteure der Maschinenfabriken herangezogen werden müssen, falls nicht eigenes, mit diesen Geräten vertrautes Personal zur Verfügung steht. Die Kosten dieser Monteure sind zu den vorstehend besprochenen Installationskosten noch hinzuzufügen, wobei die besonderen Bedingungen, unter denen die Fabriken ihre Monteure stellen (Tagelohnsätze, Kosten der Hin- und Rückreise, Verpflegung usw.), wohl berücksichtigt werden müssen.

4. Reparaturkosten.

Hierunter entfallen alle diejenigen Aufwendungen, die aus der Unterhaltung der Maschinen und Baugeräte während des Baubetriebes, sowie aus deren gründlichen Instandsetzung nach Baubeendigung erwachsen, also sowohl Löhne wie Auslagen für Reparaturmaterialien und Ersatzteile. Die Höhe dieser Reparaturkosten kann natürlich innerhalb weiter Grenzen schwanken und wird abhängig sein von der Benutzungsdauer, der Art, dem Alter und Zustand der Geräte, sowie von der Sorgfalt ihrer Bedienung und Unterhaltung während des Baues.

Die Unterhaltungskosten lassen sich auf verschiedene Weise ermitteln. Eine einfache, aber meist vollständig genügend genaue Berechnungsmethode ist die, bei der sie durch einen Prozentsatz des Neuwertes des betreffenden Gerätes ausgedrückt werden, wobei unterschieden wird zwischen neuem und gebrauchtem Gerät, von denen dieses natürlich immer höhere Kosten verursachen wird als jenes.

In nebenstehender Tabelle sind diejenigen Sätze enthalten, die man bei den verschiedenen Maschinen und Baugeräten zunächst für die **laufenden Instandhaltungsarbeiten** im Monat etwa annehmen kann. Die Zahlen der ersten Kolonne gelten hierbei für neue Geräte, d. h. für ungefähr das erste Betriebsjahr, diejenigen der zweiten Kolonne sind als Durchschnittswerte für gebrauchte Geräte, also für die übrige Zeit, anzusehen und können je nach Zustand und Alter des Gerätes oder der Maschine auch höher oder niedriger sein.

Für die nach jeder Bauarbeit erforderliche gründliche Überholung der Geräte, für die sogenannte **Schlußreparatur**, hat man außerdem je nach Dauer des Baues und Art der Geräte noch etwa 3—6% des Neuwertes zu rechnen und zu den Kosten der laufenden Instandsetzungsarbeiten, deren Höhe sich aus den obengenannten Sätzen und der Benutzungsdauer der einzelnen Baugeräte ergibt, hinzuzufügen.

Im Durchschnitt werden für die laufenden Reparaturen an Baugeräten und Baumaschinen monatlich etwa 1% des Neuwertes oder 12% pro Jahr erwachsen. Man kann die Reparaturkosten also noch einfacher, aber häufig auch noch hinreichend genau, in der Weise berechnen, daß man für alle Geräte den Durchschnittssatz von 1% pro Monat zugrunde legt, die durchschnittliche Benutzungsdauer um 3 bis 6 Monate verlängert und den sich alsdann ergebenden Prozentsatz vom Neuwert des ganzen Inventars nimmt.

Von den Reparaturkosten entfallen rd. $^2/_3$ auf Löhne und $^1/_3$ auf Materialkosten, d. h. Aufwendungen für Verbrauchsstoffe und Ersatzteile.

5. Geräteliste.

Baugerät	Geräte-abschreibung in Jahren	Reparaturkosten		Gewichte	In-stallations-kosten
		neue Geräte	gebrauchte Geräte		
		in % des Neuwertes pro Monat		Seite	Seite
Transportgeräte:					
Fuhrwerke und Kraftwagen	4	1,5	2,2	12	—
Förderbänder	4	1,0	1,5	17	17
Antriebsmaschinen:					
Dampfmaschinen	12	0,5	0,8	21	22
Verbrennungsmotoren . . .	6	0,7	1,0	21	22
Elektromotoren	12	0,4	0,6	21	22
Erd- und Felsarbeiten:					
Rahmengleis	6	0,8	1,2	44	32
Schienen und Laschen . .	12	0,2	0,3	45	46
Weichen	8	0,4	0,6	45	46
Kippwagen	4	1,2	1,6	42	47
Dampflokomotiven	10	0,7	1,0	46	47
Motorlokomotiven	6	0,8	1,2	43	47
Eimerbagger	8	0,7	1,0	57	54
Löffelbagger	7	0,8	1,2	59	54
Greifbagger	7	0,7	1,0	67	65
Kräne und Aufzüge	8	0,5	0,8	—	65
Walzen	8	0,5	0,8	72	72
Kompressoren	8	0,5	0,7	75	76
Luftleitungen	10	0,3	0,5	—	76
Rammarbeiten:					
Rammen	7	0,8	1,2	84	84
Betonarbeiten:					
Mischmaschinen	6	0,7	1,0	103	92
Gießtürme	5	0,7	1,0	—	92
Aufbereitungsarbeiten:					
Sandmühlen	6	0,7	1,0	123	121
Steinbrecher	6	0,7	1,0	126	121
Wasserhaltungsarbeiten:					
Pumpen	8	0,7	1,0	128	129
Verschiedenes:					
Dampfer	12	0,7	1,0	—	—
Prähme, Schuten usw. . .	12	0,5	0,7	—	—
Werkstatteinrichtungen . .	8	0,7	1,0	—	—

16. Allgemeine Kosten.

Wie bereits unter den Bemerkungen allgemeiner Natur in Kapitel 2 erwähnt, empfiehlt es sich, alle diejenigen Auslagen, die bei der Ausführung von Bauarbeiten für mehrere Arbeitsleistungen oder für den ganzen Bau aufgewandt werden müssen und die man bei der Veranschlagung der Einzelkosten nicht berücksichtigt hat, besonders zu berechnen und unter dem Titel „Allgemeine Kosten" zusammenzufassen, um sie am Schluß der Berechnung auf die einzelnen Arbeiten der Bauausführung zu verteilen.

Zur Erleichterung dieser Arbeit sind im Nachstehenden sämtliche derartige Kosten, die bei Ausführung eines Baues möglicherweise entstehen können, aufgeführt sowie Anhaltspunkte zu ihrer Berechnung gegeben. Natürlich werden selten alle diese Aufwendungen bei einem Bau erforderlich sein; außerdem werden meist auch nur einige wenige auf die Höhe der Gesamtsumme einen wesentlichen Einfluß haben, während die übrigen von nebensächlicher Bedeutung sein werden. Man hat daher von Fall zu Fall zu prüfen, welche Kosten allgemeiner Natur zu berücksichtigen sind, welche man genau berechnen muß und welche, falls keine Unterlagen zu ihrer Berechnung zur Verfügung stehen sollten, auch schätzungsweise ermittelt werden dürfen.

1. Bauliche Anlagen allgemeiner Natur.

Hierunter sind in erster Linie alle Rüstungen zu verstehen, die allgemeinen Zwecken dienen, sodann aber auch noch andere allgemeine Anlagen und Arbeiten, im wesentlichen also die folgenden:

Ausladegerüste,
Verladerampen,
Transportstege für Bauzwecke,
provisorische Fußgängerstege,
Hebegerüste,
Überbrückungen von Wasserläufen, Gräben usw.,
Befestigung schlechter Wege sowie Herstellung neuer Wege auf der
 Baustelle,
Verlegung von Wegen und Straßen,
Verstärkung vorhandener Brücken für den Transport schwerer
 Maschinen,
Kreuzungen von Baugleisen mit Straßen,
Bachverlegungen,
Schutzvorrichtungen gegen Rutschungen, Hochwasser, Steinschlag,
 Bauzäune und
kleinere Gerüste und Unterfangungen für verschiedene Zwecke.

Bei Veranschlagung aller dieser Anlagen sind zunächst die Kosten der erforderlichen Baumaterialien und sodann die Arbeitslöhne für Herstellen und Wiederabbrechen bzw. Entfernen der Anlage zu berücksichtigen.

Die benötigten Materialmengen findet man bei größeren Anlagen aus Zeichnungen, bei kleineren können sie in der Regel mit genügender Genauigkeit geschätzt werden. Im übrigen sei auf die in den früheren Kapiteln über Beton-, Maurer-, Zimmererarbeiten usw. gemachten Angaben verwiesen. Von den Anschaffungspreisen der Baumaterialien kann man, da es sich durchweg um Anlagen für vorübergehende Zwecke handelt, die Altwerte abziehen, aber natürlich nur dann, wenn es sich um Materialien handelt, die nach Abbruch auch wieder verwandt werden können, also vor allem Holz und Eisen. Die Höhe des Altwertes ist unter Berücksichtigung des Verlustes und Verschleißes an Material, des Zustandes nach Baubeendigung und der Wiederverwendungsmöglichkeit von Fall zu Fall festzusetzen.

Auch hinsichtlich der Löhne für das Aufstellen und Abbrechen der vorliegenden Anlagen sei auf die früheren Kapitel verwiesen. Zu beachten ist hierbei stets, daß derartige Einrichtungen nicht selten während des Baues auch noch umgebaut und ergänzt werden müssen, und daß sie außerdem im allgemeinen auch eine gewisse Unterhaltung erfordern.

2. Baubuden und Baracken.

An derartigen provisorischen Baulichkeiten werden auf Baustellen benötigt:

Baustellenbureau,
Magazine,
Zementschuppen,
Werkstätten,
Maschinenhäuser und Maschinenschuppen,
Unterkunftsräume für Arbeiter, Handwerker und Aufsichtspersonal,
Schlafbaracken,
Kantinen.

Sofern keine vorhandenen geeigneten Gebäude leihweise oder käuflich übernommen werden können, muß der Unternehmer die erforderlichen Baracken selbst errichten. Zur Berechnung der hieraus, d. h. aus einem Neubau solcher Baulichkeiten entstehenden Kosten mögen die folgenden Angaben dienen:

a) Baustoffbedarf. Es werden bei Herstellung von Baubuden und Baracken an Baustoffen benötigt:

Kantholz und Bretter für 1 qm Grundfläche:

bei einfachen Baulichkeiten, bestehend aus Dach, Fußboden
und einfach verschalten Wänden . . . . 0,15—0,25 cbm
bei Baulichkeiten, die doppelt verschalte Wände und außer dem
Dach noch eine Decke besitzen . . . . 0,20—0,35 „

Für die Beschaffung von Fenstern, Türbeschlägen, Schlössern, Nägel, Dachpappe usw., sowie für die Ausführung kleinerer Fundamente und Unterfangungen hat man zu den Holzkosten noch einen Zuschlag zu machen, der je nach der Art der Baracke verschieden hoch sein, und zwar im allgemeinen zwischen 15 und 35% dieser Kosten schwanken wird. Bei Arbeiterbuden, Magazinen usw. ist schließlich noch für die Inneneinrichtung ein gewisser Betrag zu rechnen.

b) Löhne. An Arbeitsaufwand wird, wieder für 1 qm Grundfläche gerechnet, entstehen:

Art der Baubuden und Baracken	Zimm.-Std.	Arb.-Std.	zusammen
Einfache Baulichkeiten:			
Aufstellen . . . . . 1 qm Grundfläche	3—5	1—2	4—7
Abbrechen . . . . . 1 „ „	1—2	1—2	2—4
zusammen:	4—7	2—4	6—11
Besser ausgebildete Baulichkeiten:			
Aufstellen . . . . . 1 qm Grundfläche	4— 8	2—4	6—12
Abbrechen . . . . . 1 „ „	2— 3	1—2	3— 5
zusammen:	6—11	3—6	9—17

Über den Altwert von Baubuden und Baracken lassen sich allgemeingültige Angaben nicht machen, da dieser ganz davon abhängen wird, ob die Baulichkeiten nach Baubeendigung als Ganzes verkauft bzw. wieder verwandt werden können, oder ob die Materialien einzeln veräußert werden müssen. Es ist daher von den Anschaffungskosten je nach der voraussichtlichen Verkaufsmöglichkeit ein kleinerer oder größerer Bruchteil in Abzug zu bringen.

Für ganz einfache Schuppen, wie sie z. B. über Lokomobilen und anderen Maschinen errichtet werden, können von obigen Werten für einfache Baulichkeiten die kleineren angenommen werden.

Stehen dem Unternehmer gebrauchte Buden zur Verfügung, so treten an Stelle der vorstehend erwähnten Kosten für neue Baulichkeiten die Kosten für den Antransport der in solchen Fällen meist zerlegbaren Buden, für Aufstellen und Abbrechen, für Ergänzungen und für Wertminderung.

Ist es schließlich möglich, Baracken oder Häuser, die auf oder in der Nähe der Baustelle bereits bestehen, für die Dauer des Baues zu verwenden, so sind lediglich die Mieten für die Benutzung der vorhandenen Baulichkeiten und unter Umständen Kosten für Instandsetzung und Unterhaltung zu rechnen.

Was die Größe der Baubuden und Baracken betrifft, so hat man sich natürlich ganz nach den jeweiligen Bedürfnissen der Baustelle zu richten. Für die den Arbeitern und Handwerkern als vorübergehenden Aufenthaltsraum dienenden Baubuden kann man mit etwa 0,75 qm Grundfläche pro Mann rechnen, für Schlafbaracken, bestehend aus Schlafräumen, Wasch- und Trockenräumen, Krankenzimmer usw., etwa 3,5 qm pro Bett. Die Größe des Zementschuppens muß sich nach derjenigen Zementmenge richten, die als Vorrat ständig auf der Baustelle liegen soll. Magazine, Werkstätten und Maschinenhäuser sollten immer reichlich groß dimensioniert werden, da enge Räume das Arbeiten erschweren.

3. Beamtenwohnhäuser.

Für den Fall, daß nahe der Baustelle geeignete Unterkunftsgelegenheiten für das Baustellenpersonal nicht vorhanden sein sollten, muß der Bauunternehmer für dieses — wenigstens bei Bauten von längerer Dauer — Wohnhäuser errichten oder bauen lassen. Diese Häuser werden allgemein nicht wie die oben angeführten Baracken auf Abbruch gebaut, sondern, da sie doch besser ausgeführt sein müssen, in der Absicht, sie nach Baubeendigung wieder zu verkaufen.

Trotz eines Verkaufes werden aber dem Bauunternehmer aus derartigen Baulichkeiten meist nicht unwesentliche Kosten entstehen, deren Höhe auf Grund der jeweiligen Verhältnisse geschätzt werden muß, falls nicht von vornherein bestimmte Abkommen betreffend Bau und späteren Verkauf getroffen werden können. Die Einnahmen des Bauunternehmers aus den Mieten während der Benutzungsdauer werden immer verhältnismäßig gering sein.

4. Maschinelle Einrichtungen, Gleise usw. für allgemeine Zwecke.

Alle diejenigen Geräte, Maschinen und Gleisanlagen, die bei einer Bauausführung mehreren oder allen Bauarbeiten zusammen dienen werden, faßt man unter der Bezeichnung „Allgemeingerät" zusammen und rechnet die aus ihrer Beschaffung und Verwendung entstehenden Auslagen zu den allgemeinen Kosten. Unter diese Geräte entfallen:

Kräne u. dgl. zum Aus- oder Umladen von Baugeräten und Baustoffen,

Gleisanlagen und Transportgeräte für allgemeine Transporte (z. B. Verbindungsgleis mit einer Bahnstation),

Transportanlagen, die der Herstellung ganzer Bauwerke dienen, wie z. B. Kabelbahnen,

allgemeine Kraftanlagen,
maschinelle Einrichtung der Werkstätten,
Beleuchtungsanlagen,
Wasserversorgungsanlagen,
Dampfer und andere Fahrzeuge,
Kraftwagen.

Hinsichtlich der Berechnung der Gerätekosten für diese maschinellen Einrichtungen usw. siehe das in Kapitel 15 Gesagte.

5. Betriebskosten der allgemeinen Zwecken dienenden maschinellen Einrichtungen.

Die Betriebskosten der vorstehend aufgeführten maschinellen Anlagen, sowie der dem Verkehr dienenden Fahrzeuge und Kraftwagen ergeben sich einfach aus den täglichen Kosten der Bedienungsmannschaft und des Verbrauches multipliziert mit der voraussichtlichen Betriebsdauer der betreffenden Anlage.

Über die Betriebskosten von Maschinen siehe das in den früheren Kapiteln Gesagte, die Betriebszeit findet man auf Grund des Bauprogramms. Mit Rücksicht auf eine möglicherweise eintretende Bauzeitverlängerung empfiehlt es sich, die Anzahl der Betriebstage immer reichlich hoch anzusetzen.

6. Gehälter des Baustellenpersonals.

Hierunter faßt man alle Aufwendungen des Unternehmers für seine örtliche Bauleitung und das Baustellenbureaupersonal zusammen, d. h. die Bezüge von Ingenieur, Bauführer, Techniker, Zeichner, Buchhalter, Kassierer, Magazinverwalter und Bauschreiber.

Zu den eigentlichen Gehältern dieser Angestellten sind die unter Umständen noch zu gewährenden Feldzulagen und Aufwandsentschädigungen zu rechnen. Die sich hieraus ergebenden monatlichen Bezüge multipliziert man mit der Anzahl Monate, während deren die betreffenden Angestellten voraussichtlich bezahlt werden müssen. Bei Festsetzung dieser Zeit ist zunächst zu beachten, daß sie mit Rücksicht auf Restarbeiten und die Bauabrechnung meist länger sein wird als die eigentliche Bauzeit. Außerdem ist darauf Rücksicht zu nehmen, daß nach Baubeendigung im allgemeinen ein Teil der Angestellten weiter gehalten werden muß, auch wenn keine nutzbringende Beschäftigung für sie vorliegen sollte, wodurch dem Unternehmer unter Umständen recht beträchtliche Auslagen entstehen werden.

7. Löhne für allgemeine Arbeiten.

Hierher gehören die Löhne von: Bureaudienern, Laufburschen, Magazinarbeitern, Barackenwärtern, Nacht- und Sonntagswächtern, Meßgehilfen, sowie einer kleineren oder größeren Arbeiterkolonne mit Aufseher oder Vorarbeiter für laufende Aufräumungsarbeiten und den Gesundheitsdienst auf der Baustelle.

Auch für alle diese Leute berechnet man sich am besten die monatliche Lohnsumme und multipliziert sie mit der Dauer des Baues, die gleichfalls sicherheitshalber immer reichlich lang angesetzt werden sollte.

8. Zureise- und Umzugskosten.

In der Regel hat der Unternehmer, wenigstens für einen Teil der Beamten, unter Umständen aber auch für alle, die Zureisekosten zur Baustelle und häufig auch noch die Rückreisekosten nach Baubeendigung zu tragen. Bei Bauten von längerer Dauer werden die Bauaufsichtsbeamten meist mit ihrer ganzen Haushaltung in die Nähe der Baustelle umziehen. Auch die hieraus erwachsenden Kosten gehen im allgemeinen zu Lasten des Unternehmers. Zu berücksichtigen ist hierbei, daß außer den eigentlichen Umzugskosten vielfach auch noch für einige Zeit Beträge für doppelte Haushaltung und unter Umständen für doppelte Wohnungsmiete zu rechnen sein werden.

9. Beschaffung von Arbeitskräften.

Gelangt die in Frage stehende Bauarbeit in einer abgelegenen Gegend zur Ausführung, so wird die Beschaffung der erforderlichen Arbeitskräfte nicht selten Schwierigkeiten bereiten. Man wird Arbeiter häufig aus anderen Gegenden heranziehen müssen, wodurch Kosten für Reisen, Vermittlungsgebühren, Bezahlung der Reisetage der Arbeiter u. a. m. entstehen werden. Die Summe dieser Kosten muß man, da sichere Unterlagen im allgemeinen nicht vorliegen werden, schätzen.

10. Unterkunft und Verpflegung der Arbeiter.

Bei Bauausführungen in oder dicht bei Städten oder großen Ortschaften, in denen die Arbeiter Unterkunft und Verpflegung finden können, werden dem Bauunternehmer hierfür im allgemeinen keine Unkosten erwachsen. Wohl wird dies aber bei Bauten der Fall sein, die in abgelegenen Gegenden zur Ausführung gelangen, wo die Beschaffung sowie das Halten der Arbeitskräfte Schwierigkeiten verursacht. In solchen Fällen muß für Bau und Unterhaltung von Schlafbaracken und Kantinen ein gewisser Betrag in der Kostenberechnung vorgesehen werden, wobei außer den bereits unter 2. angeführten Kosten für die eigentlichen Gebäude vor allem auch die Auslagen für Beschaffung und Unterhaltung der Ausrüstung dieser Unterkunftsräume, wie Betten, Bettwäsche, Tische, Bänke usw., gerechnet werden müssen. Die Höhe dieser Kosten ist von Fall zu Fall an Hand von Erfahrungen zu bestimmen. Die Einnahmen, die aus der Benutzung von Schlafbaracken erzielt werden können, werden im Vergleich zu den Auslagen im allgemeinen so gering sein, daß es sich nicht lohnt, sie zu berücksichtigen.

11. Laufende Unkosten des Baubureaus.

Die laufenden Auslagen des auf der Baustelle vom Bauunternehmer einzurichtenden Bureaus werden im allgemeinen nicht allzu groß sein, so daß sie sich mit genügender Genauigkeit auf Grund von Erfahrungen bei anderen Bauausführungen schätzen lassen. Es entfallen hierunter der Verbrauch an Schreib- und Zeichenmaterialien, Verschleiß der Bureaueinrichtung, Gebühren für Anschluß und Benutzung des Fernsprechers, Porto- und Telegrammspesen usw.

12. Reisen.

Reisen werden im Interesse des Baues ausgeführt erstens von der Oberleitung und zweitens von der örtlichen Bauleitung. Man schätzt bei ihrer Berechnung am besten die voraussichtlichen Ausgaben, die in einem Monat entstehen werden, und multipliziert sie mit der Dauer des Baues.

13. Beleuchtung der Baustelle.

Die Kosten, die hierfür aufzuwenden sein werden, setzen sich zusammen aus den Kosten der für die Beleuchtung erforderlichen Anschaffungen, wie Beleuchtungskörper, Masten, Leitungen usw., ferner den Installationskosten und den Kosten der Verbrauchsstoffe bzw. des elektrischen Stromes während des Betriebes. Da dieser Betrag im allgemeinen von untergeordneter Bedeutung sein wird, genügt meist eine schätzungsweise Festsetzung seiner Höhe. Nur wenn Arbeiten vorliegen, für die regelmäßige Nachtschichten eingelegt werden müssen, empfiehlt es sich, den Betrag für die Beleuchtung des Bauplatzes genauer zu ermitteln.

14. Heizen der Wohn- und Aufenthaltsräume auf der Baustelle.

Auch die Kosten, die aus der Beschaffung von Öfen und Lieferung von Heizmaterial zum Heizen von Buden, Baracken und Wohnhäusern entstehen, werden im Vergleich zu der gesamten Bausumme meist gering sein, so daß auch hier ein Schätzen ihrer Höhe genügen wird. Immerhin empfiehlt es sich, bei Winterarbeit diesen Posten nicht zu niedrig anzusetzen.

15. Platzmieten und Geländepachten.

Die Sätze, die für Benutzung von Grundstücken während einer Bauausführung von den Besitzern in Anrechnung gebracht werden, schwanken innerhalb weiter Grenzen, da sie je nach Gegend, Lage und Art des Grundstücks verschieden sind. Man sollte daher stets schon bei der Aufstellung des Kostenanschlages Erkundigung über die ortsübliche Höhe von Platzmieten und Geländepachten einziehen und danach die voraussichtlich entstehenden Kosten berechnen, falls diese zu Lasten des Unternehmers gehen.

16. Wirtschaftserschwernisse und andere Benachteiligungen Dritter.

Die von dritter Seite eventuell geltend gemachten Ansprüche infolge Wirtschaftserschwernis anläßlich einer Bauausführung müssen häufig vom Bauunternehmer getragen werden. Da diese Kosten unter Umständen nicht unbeträchtlich sein werden, empfiehlt es sich, bei jeder Veranschlagung die Möglichkeit des Auftretens derartiger Wirtschaftserschwernisse gut zu prüfen und gegebenenfalls durch Einsetzen eines entsprechenden Geldbetrages zu berücksichtigen. Das gleiche gilt hinsichtlich der Benachteiligungen bzw. der Schäden, die Dritten aus der Bauausführung erwachsen können, wie z. B. aus dem Entziehen von Grundwasser durch Wasserhaltungsarbeiten, aus dem Sprengen u. a. m.

17. Versicherungen.

Bei einer Bauausführung kommen folgende Versicherungen in Frage:

a) **Feuerversicherung**: in erster Linie für alle Baulichkeiten einschließlich ihrer Einrichtung bzw. ihres Inhaltes, sodann aber auch für Holzlager und eventuell Gerüste.

b) **Einbruchdiebstahlversicherung**: für das Baubureau, für Magazin, Kantine und andere Baracken, die wertvolle Materialien enthalten.

c) **Haftpflichtversicherung.**

d) **Transportversicherung**: besonders bei Seetransporten.

e) **Kaskoversicherung**: für schwimmende Geräte, und zwar sowohl während der Arbeit auf der Baustelle, als auch während der Transporte.

f) **Kraftwagenversicherung.**

18. Verschiedene allgemeine Kosten.

Unter Umständen sind noch zu berücksichtigen: Auslagen für Prüfung von Baustoffen, Aufwendungen für besondere Messungen oder Absteckungen und die hierfür erforderlichen Vorkehrungen, für ärztliche Untersuchung von Arbeitern u. a. m. Für alle diese Kosten führt man einen schätzungsweise festzusetzenden Betrag in die Berechnung ein.

19. Soziale Lasten.

Unter „sozialen Lasten" sind die Anteile des Arbeitgebers an den Beiträgen zur Krankenkasse, Erwerbslosenfürsorge, Invalidenversicherung, Angestelltenversicherung und zur Berufsgenossenschaft zu verstehen. Diese Anteile ergeben sich wie folgt:

a) **Krankenkasse:**
Der Beitrag schwankt zwischen 5 und $7^1/_2\%$
des Arbeitslohnes; Anteil des Arbeitgebers be-
trägt $^1/_3$ . . . . also i. M. rd. . 2,00% des Lohnes

b) **Erwerbslosenfürsorge:**
Zur Zeit beträgt der Beitrag etwa 2,70% des
Lohnes, von denen der Arbeitgeber die Hälfte
zu tragen hat . . . . also i. M. rd. 1,35% „   ..

c) **Invalidenversicherung:**
Beitrag zur Zeit rd. 3,00%, Anteil des Arbeitgebers die Hälfte . . . . . also i. M. rd. 1,50% „   „

d) **Angestelltenversicherung:**
Der Beitrag ist 0,50% der Löhne, Anteil des
Arbeitgebers wieder die Hälfte also i. M. rd. 0,25% „   „

zusammen i. M. rd. 5,10% des Lohnes

e) **Berufsgenossenschaft:**
Die Beitragssätze betragen nach dem zur Zeit
gültigen 10. Gefahrtarif für:
Arbeiter usw. unter Zugrundelegung der
Gefahrziffer 17 . . . . 2,72% des Lohnes
Betriebsbeamte, Gefahrziffer 3 . . . . . 0,48% des Gehaltes
Im ganzen sind also zu rechnen für:
Arbeiter usw. . . . . i. M. rd. 7,8 % des Lohnes
Betriebsbeamte . . . . i. M. rd. 5,6 % des Gehaltes.

Die sozialen Lasten werden am besten am Schluß der Berechnung, wenn die gesamte Lohnsumme vorliegt, zu dieser zugeschlagen.

20. Handwerkszeug.

Den Verlust an Handwerkszeug, wie Schaufeln, Pickel, Hämmer, Stemmeisen usw., Werkzeug der Werkstätten, sowie an Tauen, Ketten, Mörtelkübel usw. berücksichtigt man am besten durch einen Prozentsatz vom Lohn der Arbeiter und Handwerker, und zwar kann man annehmen, daß dieser Satz je nach der Art der Arbeit zwischen 2 und 6% schwanken wird. Auch diesen Betrag fügt man am besten am Schluß der Berechnung zu der Lohnsumme hinzu.

21. Bauzinsen.

Da der Unternehmer für seine Leistungen vom Bauherrn nur in gewissen Zeiträumen, und zwar auch nur nach Maßgabe der tatsächlich ausgeführten Arbeiten Zahlungen erhält, er selbst aber gleich zu Anfang des Baues für Materialbeschaffung, Baustelleneinrichtung und andere vorbereitende Arbeiten immer einen verhältnismäßig hohen Geldbetrag ausgeben muß, ihm außerdem für laufende Lohnzahlungen und Materialbeschaffung während der Bauausführung ständig Auslagen erwachsen, muß er stets mit Zinsverlusten rechnen, die ihm für vorgestreckte Geldbeträge entstehen werden.

Auf Grund des Bauprogramms und der vertraglich vorgesehenen Zahlungsweise lassen sich nach durchgeführter Kostenberechnung diese Zinsverluste ziemlich genau ermitteln. Bei Bauten größeren Umfangs, die sich auf längere Zeit ausdehnen, sollte man nicht versäumen, zu diesem Zwecke einen regelrechten Finanzierungsplan aufzustellen (am besten graphisch), da bei solchen Arbeiten die Bauzinsen oft eine ganz beträchtliche Höhe erreichen werden. Bei mittelgroßen und kleineren Bauten dagegen wird eine angenäherte Berechnung der Zinsverluste im allgemeinen genügen.

In diesem Falle ermittelt man zunächst die Summe aller zu Beginn des Baues entstehenden Aufwendungen und berechnet hierfür bankmäßige Zinsen bis zur Mitte desjenigen Bauabschnittes, in dem die hauptsächlichsten Leistungen erzielt und infolgedessen die Hauptzahlungen seitens des Bauherrn geleistet werden. Zu dem sich so ergebenden Zinsbetrag fügt man alsdann die laufenden Zinsverluste hinzu, die man angenähert dadurch findet, daß man für die Gesamtsumme der Selbstkosten und einen Zeitraum Zinsen rechnet, der um etwa $^1/_2$—$1^1/_2$ Monate (je nach der zu erwartenden Pünktlichkeit der Zahlungsleistung seitens des Bauherrn) größer ist als die zwischen zwei Abschlagszahlungen liegende Zeitspanne.

Hat der Unternehmer, was im allgemeinen der Fall ist, beim Bauherrn eine Kaution zu hinterlegen, so entstehen ihm hieraus gleichfalls Zinsverluste, da die hinterlegte Summe aus Wertpapieren oder Bargeld bestehen muß und infolgedessen nur verhältnismäßig geringe Zinsen abwirft. Der Unternehmer hat also für die hinterlegte Summe und die Dauer der Hinterlegung diejenige Zinsdifferenz zu rechnen, die zwischen der tatsächlichen Verzinsung und derjenigen besteht, die bei freier Verfügung über das Geld hätte erzielt werden können, bzw. denjenigen Zinsfuß, den er selbst für die Beschaffung der Kaution bezahlen muß. Kann die Bürgschaft in Form einer Bankgarantie geleistet werden, so sind die von der Bank geforderten Kosten hierfür in Rechnung zu setzen.

Sieht der Vertrag schließlich noch weitere Sicherheitsleistungen seitens des Unternehmers vor, und zwar in der Form, daß von den regelmäßigen Abschlagszahlungen vom Bauherrn ein gewisser Prozentsatz (meist 10%) einbehalten und erst nach Baubeendigung oder nach Ablauf der Garantiezeit ausgezahlt wird, so muß der Unternehmer mindestens für denjenigen Teil dieses Satzes, der über den in der Angebotssumme enthaltenen Gewinn hinausgeht und für die Dauer der Einbehaltung, d. h. ungefähr von Mitte der Bauzeit bis zum Auszahlungstermin, Zinsverluste berücksichtigen.

22. Steuern.

In Deutschland hat der Bauunternehmer zur Zeit mit folgenden Steuern zu rechnen:

a) Umsatzsteuer,
b) Verzinsung der Industriebelastung,
c) Körperschafts- bzw. Einkommensteuer,
d) Gewerbesteuer.

Der Satz der Umsatzsteuer beträgt 0,75%. Für die übrigen Steuersätze können keine bestimmten Angaben gemacht werden, da sie nicht nur von der Art des Unternehmens abhängen, sondern auch in den verschiedenen Ländern bzw. Gemeinden verschieden hoch sind.

23. Allgemeine Geschäftsunkosten.

Als letzter Kostenbetrag allgemeiner Natur ist der zu nennen, der dem Unternehmer durch die Aufrechterhaltung seines Geschäftsbetriebes entsteht, also durch die Gehälter und sonstigen Bezüge der Geschäftsleitung und der Angestellten des Zentralbureaus, durch die laufenden Unkosten dieses Bureaus, durch Werbetätigkeit, Reisen, ferner durch Miete oder Abschreibung von Lagerplätzen mit ihren Gebäuden und Einrichtungen, durch Betriebskosten und Unterhaltung dieser Plätze usw.

Dieser Betrag für allgemeine Geschäftsunkosten wird am besten in Prozenten der Angebotsumme ausgedrückt. Der Satz muß auf Grund jährlicher Zusammenstellungen ermittelt werden und wird natürlich mit dem Umfange der ausgeführten Arbeiten schwanken, d. h. in arbeitsreichen Jahren niedrig, in arbeitsarmen hoch sein.

Gewichtstabelle.

1. Erdarten [1].

Dammerde, trocken	i. M. 1,4		Kies, trocken	i. M. 1,82
„ natürlich feucht	„ 1,6		„ naß	„ 1,86
„ gesättigt naß	„ 1,8		Lehmboden, trocken	„ 1,5
Sand, trocken	„ 1,6		„ naß	„ 1,9
„ natürlich feucht	„ 1,8		Tonboden, trocken	„ 1,6
„ gesättigt naß	„ 2,0		„ naß	„ 2,0
			Geröll	„ 1,8
			Mergel	„ 2,4

2. Felsarten [1].

Basalt	2,7—3,2	Porphyr	2,6—2,9
Dolomit	2,9	Sandstein	2,2—2,5
Gneis	2,4—2,7	Serpentin	2,4—2,7
Granit	2,5—3,0	Syenit	2,6—2,8
Kalkstein	2,4—2,8	Tonschiefer	2,8
Marmor	2,5—2,9	Trachyt	2,6—2,8
		Tuffstein	1,3

3. Bindemittel [2].

Kalk, gebrannt, in Stücken lose geschüttet	i. M. 0,8
Kalkhydrat	„ 0,6
Kalkteig	1,3—1,4
Hydraulischer Kalk	i. M. 0,6
Traß	i. M. 1,0
Portlandzement, eingelaufen	„ 1,16
„ eingerüttelt	„ 1,90
„ durchschnittlich	1,40
Hochofenzement, „	1,30

4. Verschiedenes.

Ziegelsteine, gewöhnliche	2,8—3,0 kg/Stück	1,4—1,5
„ Klinker	3,2—3,8 „	1,6—1,9
Kalksandsteine	i. M. 3,8 „	i. M. 1,9
Bauholz		„ 0,75
Eisen		7,85
Stabeisen	1 qcm 0,785 kg/lfd. m	
Eisenblech	1 mm 7,85 kg/qm	
Steinkohle, geschichtet		„ 0,8

[1] Siehe „Hütte“, Des Ingenieurs Taschenbuch.
[2] Siehe „Betonkalender“, Taschenbuch für den Beton- und Eisenbetonbau.

Handbibliothek für Bauingenieure

Ein Hand- und Nachschlagebuch für Studium und Praxis

Herausgegeben von

Robert Otzen

Geh. Regierungsrat,
Professor an der Technischen Hochschule zu Hannover

Straffe Einheitlichkeit der ganzen Sammlung bei streng wissenschaftlicher Behandlung der Einzelthemen war der Hauptgesichtspunkt bei der Aufstellung des Programms für die Handbibliothek. Sie wird etwa 28 Bände umfassen, die — in sich wieder in größeren Gruppen zusammengefaßt — die einzelnen Sondergebiete des Bauingenieurwesens behandeln. Für den in der Praxis stehenden Fachmann und für den Studierenden ist die Sammlung ein gleich wertvolles Hilfs- und Nachschlagewerk.

I. Teil: Hilfswissenschaften.

1. Band: **Mathematik.** Von Prof. Dr. phil. **H. E. Timerding,** Braunschweig. Mit 192 Textabbildungen. VIII, 242 Seiten. 1922. Gebunden RM 6.40
2. Band: **Mechanik.** Von Dr.-Ing. **Fritz Rabbow,** Hannover. Mit 237 Textfiguren. VIII, 204 Seiten. 1922. Gebunden RM 6.40
3. Band: **Maschinenkunde.** Von Prof. **H. Weihe,** Berlin. Mit 445 Textabbildungen. VIII, 232 Seiten. 1923. Gebunden RM 7.40
4. Band: **Vermessungskunde.** Von Prof. Dr.-Ing. **Martin Näbauer,** Karlsruhe. Mit 344 Textabbildungen. X, 338 Seiten. 1922. Gebunden RM 11.—
5. Band: **Betriebswissenschaft.** Ein Überblick über das lebendige Schaffen des Bauingenieurs einschließlich aller menschlichen und geschäftlichen Gesichtspunkte. Von Dr.-Ing. **Max Mayer,** Duisburg. Mit 31 Textabbildungen. IX, 219 Seiten. 1926. Gebunden RM 16.50

II. Teil: Eisenbahnwesen und Städtebau.

1. Band: **Städtebau.** Von Prof. Dr.-Ing. **Otto Blum,** Hannover, Professor **G. Schimpff †,** Aachen, Stadtbauinspektor Dr.-Ing. **W. Schmidt,** Stettin. Mit 482 Textabbildungen. XIV, 478 Seiten. 1921. Gebunden RM 15.—
2. Band: **Linienführung.** Von Prof. Dr.-Ing. **Erich Giese,** Hannover, Prof. Dr.-Ing. **Otto Blum,** Hannover, und Prof. Dr.-Ing. **Kurt Risch,** Hannover. Mit 184 Textabbildungen. XII, 435 Seiten. 1925. Gebunden RM 21.—
3. Band: **Unterbau.** Von Prof. **W. Hoyer,** Hannover. Mit 162 Textabbildungen. VIII, 187 Seiten. 1923. Gebunden RM 8.—
4. Band: **Oberbau und Gleisverbindungen.** Von Dr.-Ing. **Adolf Bloß,** Dresden. Mit 245 Textabbildungen. VII, 174 Seiten. 1927. Gebunden RM 13.50
5. Band: **Bahnhöfe.** Von Prof. Dr.-Ing. **Otto Blum,** Hannover, Prof. Dr.-Ing. **Kurt Risch,** Hannover, Prof. Dr.-Ing. **Ammann,** Karlsruhe, und Regierungs- und Baurat a. D. **v. Glinski,** Chemnitz. In Vorbereitung.
6. Band: **Eisenbahn-Hochbauten.** Von Regierungs- und Baurat **C. Cornelius,** Berlin. Mit 157 Textabbildungen. VIII, 128 Seiten. 1921. Gebunden RM 6.40

Handbibliothek für Bauingenieure.

II. Teil: **Eisenbahnwesen und Städtebau.**

7. Band: **Sicherungsanlagen im Eisenbahnbetriebe** auf Grund gemeinsamer Vorarbeit mit Prof. Dr.-Ing. **M. Oder †**, verfaßt von Geh. Baurat Prof. Dr.-Ing. **W. Cauer**, Berlin. Mit einem Anhang: Fernmeldeanlagen und Schranken von Regierungsbaurat Dr.-Ing. **F. Gerstenberg**, Berlin. Mit 484 Abbildungen im Text und auf 4 Tafeln. XVI, 460 Seiten. 1922.
Gebunden RM 15.—

8. Band: **Verkehr und Betrieb der Eisenbahnen.** Von Prof. Dr.-Ing. **Otto Blum**, Hannover, Oberregierungsbaurat Dr.-Ing. **G. Jacobi**, Erfurt, und Prof. Dr.-Ing. **Kurt Risch**, Hannover. Mit 86 Textabbildungen. XIII, 418 Seiten. 1925.
Gebunden RM 21.—

9. Band: **Eisenbahnen besonderer Art.** Von Prof. Dr.-Ing. **Ammann**, Karlsruhe, und Regierungsbaumeister **H. Nordmann**, Steglitz. In Vorbereitung.

10. Band: **Der neuzeitliche Straßenbau.** Aufgaben und Technik. Von Prof. Dr.-Ing. **E. Neumann**, Stuttgart. Mit 210 Textabbildungen. XII, 400 Seiten. 1927.
Gebunden RM 29.50

III. Teil: **Wasserbau.**

1. Band: **Der Grundbau.** Von Prof. **O. Franzius**, Hannover. Unter Benutzung einer ersten Bearbeitung von Regierungsbaumeister a. D. **O. Richter**, Frankfurt a. M. Mit 389 Textabbildungen. XIII, 360 Seiten. 1927.
Gebunden RM 28.50

2. Band: **See- und Seehafenbau.** Von Reg.- und Baurat Professor **H. Proetel**, Magdeburg. Mit 292 Textabbild. X, 221 Seiten. 1921. Gebunden RM 7.50

3. Band: **Flußbau.** Von Regierungsbaurat Dr.-Ing. **H. Krey**, Charlottenburg.
In Vorbereitung.

4. Band: **Kanal- und Schleusenbau.** Von Regierungsbaurat **Friedrich Engelhard**, Oppeln. Mit 303 Textabbildungen und 1 farbigen Übersichtskarte. VIII, 261 Seiten. 1921.
Gebunden RM 8.50

5. Band: **Wasserversorgung der Städte und Siedlungen.** Von Prof. **O. Geißler**, Hannover, und Geh. Regierungsrat Prof. Dr.-Ing. **J. Brix**, Charlottenburg.
In Vorbereitung.

6. Band: **Entwässerung der Städte und Siedlungen.** Von Geh. Regierungsrat Prof. Dr.-Ing. **J. Brix**, Charlottenburg, und Prof. **O. Geißler**, Hannover.
In Vorbereitung.

7. Band: **Kulturtechnischer Wasserbau.** Von Geh. Regierungsrat Professor **E. Krüger**, Berlin. Mit 197 Textabb. X, 290 Seiten. 1921. Gebunden RM 9.50

8. Band: **Wasserkraftanlagen.** Von Prof. Dr.-Ing. **Adolf Ludin**, Berlin.
In Vorbereitung.

IV. Teil: **Konstruktiver Ingenieurbau.**

1. Band: **Statik.** Von Prof. Dr.-Ing. **Walther Kaufmann**, Hannover. Mit 385 Textabbildungen. VIII, 352 Seiten. 1923.
Gebunden RM 8.40

2. Band: **Der Holzbau.** Grundlagen der Berechnung und Ausbildung von Holzkonstruktionen des Hoch- und Ingenieurbaues. Von Dr.-Ing. **Theodor Gesteschi**, Berat. Ing. in Berlin. Mit 533 Textabbildungen. X, 421 Seiten. 1926.
Gebunden RM 45.—

3. Band: **Der Massivbau** (Stein-, Beton- und Eisenbetonbau). Von Geh. Reg.-Rat Prof. **Robert Otzen**, Hannover. Mit 497 Textabbildungen. XII, 492 Seiten. 1926.
Gebunden RM 37.50

4. Band: **Eisenbau.** Erster Teil. Von Prof. **Martin Grüning**, Hannover.
In Vorbereitung.

5. Band: **Eisenbau.** Zweiter Teil. Von Prof. **Martin Grüning**, Hannover.
In Vorbereitung.